"一带一路"沿线地区的
气候变化

刘卫东　等　编著

创于1897
The Commercial Press

图书在版编目（CIP）数据

"一带一路"沿线地区的气候变化/刘卫东等编著. —北京：
商务印书馆，2023
（第四次气候变化国家评估报告）
ISBN 978-7-100-22058-3

Ⅰ.①—… Ⅱ.①刘… Ⅲ.①气候变化-评估-研究报
告-世界 Ⅳ.①P467

中国国家版本馆 CIP 数据核字（2023）第 036745 号

（第四次气候变化国家评估报告）

"一带一路"沿线地区的气候变化

刘卫东 等 编著

商 务 印 书 馆 出 版
（北京王府井大街 36 号邮政编码 100710）
商 务 印 书 馆 发 行
北京市白帆印务有限公司印刷
ISBN 978 - 7 - 100 - 22058 - 3

2023 年 7 月第 1 版　　　　开本 787×1092　1/16
2023 年 7 月北京第 1 次印刷　印张 15¼

定价：98.00 元

本书作者

指导委员	孙鸿烈	院　士	中国科学院地理科学与资源研究所
	张建云	院　士	南京水利科学研究院
领衔专家	刘卫东	研究员	中国科学院地理科学与资源研究所

首席作者

第一章	郝志新	研究员	中国科学院地理科学与资源研究所
	严中伟	研究员	中国科学院大气物理研究所
第二章	崔惠娟	副研究员	中国科学院地理科学与资源研究所
	柴麒敏	副研究员	国家应对气候变化战略研究和国际合作中心
第三章	戴尔阜	研究员	中国科学院地理科学与资源研究所
第四章	刘卫东	研究员	中国科学院地理科学与资源研究所
	韩梦瑶	副研究员	中国科学院地理科学与资源研究所

主要作者

第一章	朱海峰	中国科学院青藏高原研究所
	华丽娟	中国科学院大学地学院
	侯文娟	中国科学院地理科学与资源研究所
第二章	傅　莎	国家应对气候变化战略研究和国际合作中心
	温新元	国家应对气候变化战略研究和国际合作中心

　　　　　　唐志鹏　　中国科学院地理科学与资源研究所

　　　　　　姜宛贝　　中国科学院地理科学与资源研究所

　　　　　　孙丽丽　　中国科学院地理科学与资源研究所

第三章　　张学珍　　中国科学院地理科学与资源研究所

　　　　　　赵东升　　中国科学院地理科学与资源研究所

　　　　　　高江波　　中国科学院地理科学与资源研究所

　　　　　　童　苗　　中国科学院地理科学与资源研究所

第四章　　姚秋蕙　　中国科学院地理科学与资源研究所

　　　　　　张建鹏　　中国科学院地理科学与资源研究所

　　　　　　梅子傲　　中国科学院地理科学与资源研究所

　　　　　　熊　焦　　中国科学院地理科学与资源研究所

前　　言

　　本报告聚焦"一带一路"沿线地区，致力于分析"一带一路"沿线地区的主要气候特征及气候变化风险，梳理"一带一路"自主减排贡献及方案，衡量"一带一路"沿线国家应对气候变化的贡献，评估"一带一路"沿线地区的气候变化适应技术，对比典型国家应对气候变化的案例与经验，梳理中国与"一带一路"沿线国家应对气候的双多边平台，评估"一带一路"沿线国家应对气候变化相关合作成效，讨论绿色金融机制、绿色产业合作、气候变化南南合作、适应能力建设等"一带一路"国际合作方案，力求科学评估"一带一路"沿线地区应对气候变化进程，为"一带一路"沿线地区共同应对气候变化提供有效支撑。

　　本报告共分为四章，即沿线地区的气候特征与变化趋势、沿线国家自主贡献和措施、沿线地区的气候变化适应、应对气候变化的"一带一路"国际合作。其中，第一章根据气候—经济分区，阐述了"一带一路"沿线地区的主要气候特征及气候变化趋势，评估了"一带一路"沿线地区的气候变化风险。第二章梳理了沿线地区的国家自主贡献，汇总了各国承诺的自主贡献目标和资金需求，评估了沿线地区的温室气体排放情况，国家自主减排领域、措施、方案及意义，总结了沿线地区的国家对全球减排的积极贡献。第三章围绕沿线地区的气候变化适应技术、典型国家的气候变化适应措施及应对气候变化的案例与经验，系统梳理了近年的研究进展及各国家/地区的案例与经验。第四章围绕应对气候变化的"一带一路"国际合作，从国际合作进程、国际合作进展、国际合作方案等方面着手梳理了"一带一路"沿线地区的国家应对气候变化相关合作平台与合作成效。

本报告由中国科学院孙鸿烈院士及中国工程院张建云院士作为指导委员，中国科学院地理科学与资源研究所刘卫东研究员作为领衔专家，中国科学院地理科学与资源研究所、国家应对气候变化战略研究和国际合作中心、中国科学院大气物理研究所、中国科学院青藏高原研究所、中国科学院大学地学院等多家单位成员共同撰写完成。第一章由中国科学院地理科学与资源所郝志新研究员与中国科学院大气物理研究所严中伟研究员牵头撰写，朱海峰研究员、华丽娟副教授、侯文娟助理研究员为主要作者；第二章由中国科学院地理科学与资源研究所崔惠娟副研究员及国家应对气候变化战略研究和国际合作中心柴麒敏副研究员牵头撰写，傅莎助理研究员、温新元研究助理、唐志鹏副研究员、姜宛贝博士、孙丽丽博士为主要作者；第三章由中国科学院地理科学与资源研究所戴尔阜研究员牵头撰写，张学珍研究员、赵东升副研究员、高江波副研究员、童苗为主要作者；第四章由中国科学院地理科学与资源研究所刘卫东研究员与韩梦瑶副研究员牵头撰写，中国科学院地理科学与资源研究所姚秋蕙、张建鹏、梅子傲、熊焦为主要作者。

本报告自 2018 年开始撰写、2020 年完稿到 2022 年校稿，出版前后历时5 年。在撰写过程中，本报告查阅了近百篇文献资料，进行了十余次稿件修改，开展了多次线上线下研讨，才得以顺利完成。值得注意的是，尽管本报告在 2020 年已经完稿，但"一带一路"的内涵和外延仍在不断丰富和补充完善中。2022 年 3 月 16 日，国家发展改革委联合外交部、生态环境部、商务部共同印发了《关于推进共建"一带一路"绿色发展的意见》，提出了积极寻求与共建"一带一路"国家应对气候变化"最大公约数"，力求让绿色切实成为共建"一带一路"的底色。随着"一带一路"建设不断深入，越来越多的非洲、拉丁美洲和南太平洋国家加入到共建"一带一路"中。截至 2022 年 4

月 19 日，中国已与 149 个国家、32 个国际组织签署 200 多份共建"一带一路"合作文件，共建"一带一路"的朋友圈继续扩大。

本报告最终得以顺利出版，一方面离不开各位作者的辛勤努力，另一方面得益于本报告撰写过程中提供宝贵修改意见及建议的各位专家学者。本报告由中国科学院 A 类先导科技专项（XDA20010100 和 XDA20080100）及中国科技部国家重点研发计划项目（2016YFA0602800）资助，并得到《第四次气候变化国家评估报告》的支持。本报告的研究及撰写工作得到了以下人员的指导：

孙鸿烈　　中国科学院院士

刘燕华　　中国科学院地理科学与资源研究所研究员、国务院参事

陆大道　　中国科学院院士

姚檀栋　　中国科学院院士

丁一汇　　中国工程院院士

张建云　　中国工程院院士

葛全胜　　中国科学院地理科学与资源研究所研究员、所长

何建坤　　清华大学教授、原常务副校长

徐华清　　国家应对气候变化战略研究和国际合作中心研究员、主任

在此一并感谢！

本书作者

2022 年 9 月 27 日

目 录

摘　　要

　　"一带一路"倡议是由中国政府提出的、世界上越来越多的国家逐渐认可和参与的一个新型国际合作平台。共同应对气候变化是该倡议的重要内容之一。2015 年 4 月，国家发展改革委、外交部和商务部联合发布的《推动共建丝绸之路经济带和 21 世纪海上丝绸之路的愿景与行动》中明确提到"加强生态环境、生物多样性和应对气候变化合作，共建绿色丝绸之路。"2019 年 4 月，在第二届"一带一路"国际合作高峰论坛开幕式上的主旨演讲中，国家主席习近平提出"同有关国家一道，实施'一带一路'应对气候变化南南合作计划"。科学评估"一带一路"沿线地区的气候变化趋势及应对和适应现状，对于"一带一路"建设和全球应对气候变化具有重要意义。

　　"一带一路"倡议是一个开放包容的平台。在倡议提出之初，目标合作区域包含 64 个国家，上述国家又被称为古丝绸之路沿线国家。随着"一带一路"建设不断深入，越来越多的非洲、拉丁美洲和南太平洋国家表示出浓厚的兴趣。截至 2019 年年底，中国已与 138 个国家签署了共建"一带一路"合作备忘录或者发表了联合声明，上述国家又被称为签署合作文件的"一带一路"沿线国家。由于签署合作文件的国家处于不断变动之中，而且大部分相关统计数据和科学文献局限于古丝路沿线国家，因而本报告的国外研究范围限定在古丝路沿线 65 国，即 64 国加上中国的空间范围。

　　沿线地区气候差异巨大，可划分为九个"气候—经济区"。基于经典综合自然区划的方法论，结合"一带一路"地区的气候环境特征，选取不同国家的气候水热因子为区域划分指标，并辅以重点经济走廊、国内生产总值、土壤、植被、地形和水文特征指标，将"一带一路"沿线陆域划分为九个区域，即"气候—经济区"，包括中东欧寒冷湿润区、蒙俄寒冷干旱区、中亚西亚干旱区、东南亚温暖湿润区、巴基斯坦干旱区、孟印缅温暖湿润区、中国东部季风区、中国西北干旱区和青藏高原区。

沿线地区发展水平和发展类型复杂多样，发展与保护之间的矛盾较为突出。总体上，"一带一路"沿线两头经济较为发达活跃，一头是东亚经济圈，一头是欧洲经济圈，中间广大腹地国家经济水平相对较低，但发展潜力巨大。该区域土地面积不到世界的 40%，人口密度比世界平均水平高出一半以上，既有最不发达国家，也有少数高收入国家，还有很多资源富集国家，更有很多发展潜力巨大的国家。很多沿线国家经济发展较为依赖水、土、油气和矿产资源开发。工业化和城市化进一步加剧了生态环境的脆弱性，影响着地区可持续发展。

沿线地区承载着较大的减排压力，亟需提升应对气候变化的合作水平。目前，大多数沿线国家提出了量化碳减排目标，做出了减缓和适应气候变化的承诺。然而，沿线地区整体碳排放强度相对较高，且整体承受了较大的隐含碳压力。进入 21 世纪以来，南方国家，尤其是以中国为代表的新兴经济体的崛起以及相互之间合作规模与方式的强化，正在推动重塑北方国家主导的传统全球气候治理格局。"一带一路"倡议为沿线地区共同应对气候变化提供了新的平台，为增强南方国家之间应对气候变化的合作提供了关键机遇。

一、沿线国家生态环境脆弱，面临较大的气候变化风险

沿线地区气候类型多样，从热带雨林气候到极地苔原气候均有分布。按气候—经济区划分，中东欧寒冷湿润区主要属于温带大陆性湿润气候；蒙俄

寒冷干旱区主要属于北半球温带和亚寒带大陆性气候；在中亚西亚干旱区，中亚地区远离大洋、气候干燥，西亚地区大多为干旱、半干旱的草原气候或沙漠气候；东南亚温暖湿润区属于热带湿润气候；巴基斯坦干旱区大部分地区呈现荒漠和半荒漠景观；孟印缅温暖湿润区主要为热带季风气候；中国东部季风区主要为季风气候；中国西北干旱区具有典型的大陆性温带半干旱—干旱气候特征；青藏高原区处于亚热带和暖温带的纬度，但由于地势高、距海远，大部分地区寒冷干燥。

近百年来，沿线地区的气温显著上升，特别是欧亚大陆内部干旱半干旱区变暖尤甚。20 世纪 50 年代以来，极端暖日普遍增多，极端冷日则普遍减少，1951～2017 年亚欧大陆平均升温速率约为 1901～2017 年（1.14±0.04 摄氏度/百年）的两倍，1979～2017 年升温速率约为 1901～2017 年的三倍。降水的长期变化趋势不明显，但 50 年代以来中高纬降水普遍增多；极端降水的强度增强，中高纬尤甚；同期很多地区干旱化趋势增强，干旱、半干旱地区的沙漠化面积扩张了 10%～20%。未来全球变暖情景下，沿线地区总体将持续增暖，极端高温事件将继续增多，全球平均升温相对于工业革命前增加 2 摄氏度比之 1.5 摄氏度的情景，可致亚欧大陆核心区的中亚一带多升温 0.73 摄氏度，极端热浪天数多增加 4.2 天/年；最冷夜晚、最热白天的气温都将显著升高，尤其是位于较高纬度的中东欧寒冷湿润区、蒙古国和俄罗斯北部区域；极端低温事件的频率将减少，但仍有可能发生；热浪将更频繁、持续时间更长。降水量增加，如高纬地区总降水量增加较多，全球平均升温相对于工业革命前增加 2 摄氏度比之 1.5 摄氏度的情景，可致中亚北部年降水多增加 2.7%；极端降水事件趋多，印度和中南半岛季风区的变化尤其突出；由于气温升高，很多地区（包括中东欧和蒙俄）的干旱强度和频率都将增大，从 20 世纪中期到 21 世纪末土壤湿度极小区的面积将倍增，中期干旱（持续 4～6 月的干旱事件）的频率将翻倍，长期干旱的频率则将三倍于现状。

未来气候变化灾害风险更加突出。沿线地区的气候变化风险主要包括干旱、高温热浪、洪涝、粮食减产、物种多样性衰减以及农业生态系统退化等。其中，高温热浪高危险区主要分布在中国东部季风区南部、中国西北干旱区西部、中亚西亚干旱区北部等。生态风险高危险区主要集中在中东欧寒冷湿润区的中南部、中亚西亚干旱区的中部、孟印缅温暖湿润区的东部等。干旱高危险区主要分布在中东欧寒冷湿润区西部、中亚西亚干旱区北部、巴基斯坦干旱区东北部等。洪涝高危险区主要出现在孟印缅温暖湿润区南部和北部、中国东部季风区东部和巴基斯坦干旱区南部。

二、沿线国家大多提出了量化减排目标，但目标落实取决于国际社会的支持

沿线国家积极提交了国家自主贡献，主动承担了减排义务。截至2018年底，沿线国家均加入了《巴黎协定》，制定并提交了预期国家自主贡献（INDC）或国家自主贡献（NDC）。沿线国家根据各自的国情和能力，提出了多样化的目标，且超过3/4的沿线国家提出了温室气体减排量化目标。总体来看，2030年沿线国家提出的减排目标将达到276～308亿吨，对全球总减排量的贡献将达到52.2%～55.8%。然而，沿线国家超过30%的目标是有条件的目标，其落实取决于国际社会资金、技术、能力建设等方面的支持，总资金需求合计超过3万亿美元。虽然沿线国家的自主贡献将为实现《巴黎协定》付出积极贡献，但相比实现少于2摄氏度升温目标所需的排放量仍有进一步压缩的必要，亟待加速能源结构向低碳转型。

沿线国家的自主贡献方案涉及多部门、多行业，且措施多样。沿线国家碳排放量呈现上升趋势，是实现全球减排目标的关键地区。沿线国家提交的自主贡献涉及工业、建筑业、农业、林草、能源、交通运输、制造业、旅游业等多个部门，超过50%的沿线国家的自主贡献基本涵盖了能源、工业、农业、交通运输等部门。在电力减排领域，绝大部分沿线国家提出发展可再生

能源/清洁能源、提高能效等政策措施；在交通部门，减排行动聚焦于提高燃油经济性和机动车排放标准、促进清洁燃料和技术应用等。农林业部门包括加强土地管理和促进农业和畜牧业减排、增加林业碳汇等。工业部门包括促进工业节能和推动工业现代化等。此外，越来越多的国家利用市场机制、征收碳税、提高全社会低碳意识，促进温室气体减排。

在自主减排情景下，未来沿线国家碳排放量将大幅降低。相比基准情景，沿线国家 2030 年和 2050 年的二氧化碳排放量将在现有政策情景的基础上分别下降 10.3%和 20.7%，2050 年后将进入相对稳定的平台期，体现了沿线国家在碳减排方面努力的重要性。能源供应部门将以较快速率脱碳，占总排放比重将从 2015 年的 44.5%，下降到 2030 年的 39.7%和 2050 年的 36.8%，2100年将实现近零排放。可再生能源特别是太阳能和风能的装机占比将显著增加，天然气的装机量将有较大幅度增长。2030 年和 2050 年非化石能源占电力装机的比重将分别达到 30.1%和 49.8%。国家自主贡献的实施对沿线地区乃至全世界的低碳转型、能源转型、电力系统脱碳、能源供应投资、碳价等均具有一定影响。

三、沿线国家气候变化适应科学基础薄弱，亟待开展区域适应经验的梳理及适应技术方案构建

沿线国家适应气候变化的科学基础薄弱，适应技术欠缺，适应行动缓慢。近几年，沿线国家为适应气候变化出台了各项措施，并试图将其纳入到国家发展计划、气候变化战略以及部门规划中，但气候变化适应行动仍较为缓慢，适应过程存在诸多障碍。各国明确针对适应气候变化的技术项目有限，出台的战略法规与技术措施尚未实现协同配合，行动也未能在各行业和民众之间有效地推广，许多问题亟待解决。其中的关键问题是，沿线国家适应气候变化工作的科学基础较薄弱，亟需通过数值模拟、定量认证、成效分析等途径，

构建生态友好、行业可用、经济可行的气候变化适应技术方案；特别是对于经济成效而言，在进行气候变化适应技术研究时，需要加强具体的适应措施和技术的成本与效益分析，综合考虑多维度、多要素的气候变化影响和适应。

典型国家诸多领域均面临着气候变化的风险，各国政府采取了积极的举措推动气候变化适应。由于印度、俄罗斯、斯里兰卡、越南等国的自然气候系统敏感且暴露度明显，气候变化对生态系统、农业、水资源、人类健康等方面影响显著。为减轻气候变化的不利影响，各国分别设立了相应的管理机构，出台了法律法规，并针对各部门风险制定了国家层面的适应性行动计划。例如印度出台的《气候变化国家行动计划》，俄罗斯提出的《卡通斯基（Katunskiy BR）战略》，斯里兰卡及越南分别发布的《气候变化影响国家适应计划》及《应对气候变化国家目标计划》。考虑到气候变化影响的广泛性及复杂性，各国还需加强跨部门合作以推进适应性行动计划的实施。

中亚国家在应对重大气候与环境变化事件方面积累了一定的经验，但气候变化适应措施的长期效果尚不明晰。其中，针对苏联时期中亚大规模农业开发的生态环境效应、人类活动与气候变化共同导致的咸海水资源危机及极端气候事件，学术界曾进行了广泛研究。决策者和社会公众也实施了一定的应对举措，并取得了一定成效，但是，短期应对措施偏多，长期可持续的应对措施不足。同时，沿线国家和地区根据自身实际制定了面向社会经济系统、农业系统与生态系统的气候变化适应措施，但是实施时间较短，其效果尚不明晰。

四、中国积极推动沿线地区绿色发展，沿线地区合作应对气候变化前景广阔

中国与沿线地区的能源合作取得了一系列成效。"一带一路"倡议提出

以来，中国在沿线地区的清洁能源投资规模不断扩大，沿线地区的清洁能源项目逐渐落地并网，沿线地区清洁煤电技术不断完善，可再生能源合作水平不断提升。随着可再生能源技术的发展和发电成本的降低，中国与"一带一路"沿线国家和地区在可再生能源、能效提升以及可持续发展领域方面的合作前景广阔。

中国多边开发性金融机构、政策性银行及国有商业银行在沿线地区开展了多种形式的绿色金融合作。亚洲基础设施投资银行参与建设并与气候相关的投资项目近 20 个，融资金额达 44.11 亿美元。国家开发银行发行 5 亿美元和 10 亿欧元中国准主权国际绿色债券，用于支持"一带一路"绿色项目建设。中国进出口银行发行"债券通"绿色金融债券，用于沿线地区清洁能源和环境改善项目投资。中国工商银行发行"一带一路"银行间常态化合作机制（BRBR）绿色债券，并与多家银行共同发布"一带一路"绿色金融指数。中国农业银行发行 10 亿美元等值的绿色债券，覆盖清洁能源、生物发电等领域。上述举措将带动"一带一路"投资的绿色化，提高项目投资的环境和社会风险管理水平，提升应对气候变化能力。

沿线国家共同应对气候变化有助于推动构建多元气候治理体系。中国作为最大的发展中国家，一直是气候变化国际合作的积极倡导者和实践者。为推动绿色"一带一路"建设，中国与其他发展中国家可以通过"一带一路"现有的政府间合作平台及亚投行、丝路基金、中国气候变化南南合作基金等渠道开展可行的资金、技术合作。依托"一带一路"绿色发展国际联盟、双多边及区域性合作机制及绿色技术转移中心，中国可以与沿线国家在低碳环保标准及产业技术转移方面展开双多边的磋商。综合政府援助、国际贸易和投融资等手段，"一带一路"建设有待与南南合作深度结合，有针对性地开展政策、管理、技术、意识提升等能力建设的合作，推动"一带一路"沿线国家共享经济社会低碳转型的绿色效益及发展成果。

第一章 沿线地区的气候特征与变化趋势

本章根据气候—经济分区，阐述了"一带一路"沿线地区的主要气候特征、气候变化趋势及未来情景，评估了气候变化风险。主要结论包括：

（1）沿线地区气候类型多样，从热带雨林气候到极地苔原气候均有分布。20 世纪 50 年代以来，沿线地区极端暖日普遍增多，极端冷日普遍减少；极端降水的强度增强，中高纬最为明显；未来全球变暖情景下，目前 20 年一遇的高温事件到 21 世纪末有可能变成 2 年一遇；降水量和极端降水事件总体趋多。

（2）未来气候变化灾害风险更加突出。沿线地区高温热浪高危险区主要分布在中国东部季风区南部、中国西北干旱区西部、中亚西亚干旱区北部、东南亚温暖湿润区等地区；干旱高危险区主要分布在中东欧寒冷湿润区西部、中亚西亚干旱区北部、巴基斯坦干旱区东北部、东南亚温暖湿润区部分地区、青藏高原区、中国西北干旱区西部和中国东部季风区南部；洪涝高危险区主要出现在孟印缅温暖湿润区南部和北部、中国东部季风区东部和巴基斯坦干旱区南部。

第一节 沿线地区的主要气候特征

"一带一路"沿线地区气候类型多样，从热带雨林气候到极地苔原气候均有分布（据柯本气候分类系统；Kottek *et al.*，2006；Beck *et al.*，2018）。基于经典综合自然区划的方法论，吴绍洪等（2018）根据"一带一路"地区的气候环境特征，重点选取不同国家的气候水热因子为区域划分指标，并辅以六大经济走廊、国内生产总值（Gross Domestic Product，GDP）、土壤、植被、地形和水文特征等指标，将"一带一路"陆域划分为九个区域，也称气候—经济区，即中东欧寒冷湿润区、蒙俄寒冷干旱区、中亚西亚干旱区、东南亚温暖湿润区、巴基斯坦干旱区、孟印缅温暖湿润区、中国东部季风区、中国西北干旱区和青藏高原区（吴绍洪等，2018）。以下将对沿线地区大气环流概况、各气候—经济区的气候基本特征等进行阐述。

一、大气环流概况

（一）亚洲

冬季（12～2月），亚洲大部分地区主要受蒙古国高压所支配。冬季温带地区在三千米及以上高度主要盛行西风气流，在青藏高原地形阻挡作用下分成两支，其中一支偏向高原的东北，具有反气旋性涡度，有助于空气的积聚，从而形成高压脊。在蒙古国高原东缘，大陆冷空气不断向南方与东南方吹送，即11～3月期间在东亚一带盛行的冬季风；它一方面是冷大陆与暖洋面间较大的水平气压梯度造成的，另一方面也与蒙古国高原和沿海低地在高度上的差异有关。冬季寒冷季风向东亚迅速南下，且来不及很快增暖，所以东亚地区温度比同纬度其他地区明显冷，如1月0摄氏度等温线在我国东部沿北纬33度，在日本沿海为北纬38度，而在欧洲西部则向北伸到北纬60度以北。但在亚洲南部，寒冷冬季风受高山与高原阻挡，冬天并不寒冷。印度半岛、中南半岛、中国南海和伊朗高原以西盛行热带气团，其中印度半岛和阿拉伯半岛没有盛行于东亚的冬季风，仅把夏季的西南季风称为季风。

春季（3～5月），由于大陆比海洋增温快，随着陆面温度超过海洋温度，蒙古国高压 3 月份开始减弱，5 月完全消失。北太平洋副热带高压开始加强与西伸，带来了一部分海洋气团，使东亚南部沿海地区湿度增加，形成阴沉多云的天气。死海至黑龙江间的广大干燥地区，由于积雪与非积雪区吸热不同导致大气上方气压差，其引起的气旋活动导致起尘或沙暴。在西南亚，苏丹低压延伸至红海以东，沿着阿拉伯反气旋西侧有沙漠的干热气流吹来，而干热气流往往与来自东欧的冷气团相遇，很快产生气旋活动。气旋的移动使沙漠来的灼热空气向周围扩散，气温剧烈上升。印度半岛上，从高空副热带高压流出的信风气流由于南支西风的存在而加强，阻止了季风气流的北进，但在中南半岛上，副热带高压位置偏北，季风气流、西风气流和高压位置偏北，季风气候、西风气流和高压西侧流出的气流方向完全一致，因此使印度季风首先指向该半岛，随后季风气流将信风气流逐走，并在二者间形成热带辐合带。

夏季（6~8 月），整个亚洲大陆剧烈增热，使亚洲南部生成热低压，一般被称作"印度低压"或"南亚低压"，其中心位于俾路支地区。随着亚洲大陆增热，使热带和副热带纬度间对流层中自南向北的气温梯度减小，并在 5 月底 6 月初转变为自北向南的气温梯度，此时喜马拉雅山以南已经看不到西风急流，而印度马拉巴尔海岸首先爆发季风。一般认为印度季风分为两支：一支朝向阿拉伯海；另一支朝向孟加拉湾。至盛夏，热带辐合区平均位置北移至亚洲大陆南部，在中国南部形成后汛期，并增强了中南半岛和菲律宾的降水。而亚洲最南部的印尼由于受南半球信风的影响，在 6~8 月反而是一个相对干燥的时期。随着初夏梅雨带的北抬，中国长江流域被副热带高压控制，进入燥热少雨的伏旱期；而长江以北的副热带高压北缘由于冷暖空气交汇，对流发展剧烈，进入雨季。夏季热带大陆气团在亚洲广大内陆干旱地区是一个主要气团，特别在西南亚、中亚五国以及中国西北内陆更占重要地位，中国西部的干旱与它的侵入和持续停留有关。

秋季（9~11 月），亚洲大陆接收的太阳辐射逐渐减少，大陆逐渐变冷。

与此同时副热带高压向南移动并向东退缩，高压脊离开中国大陆，夏季风逐渐终止，中纬度西风又趋加强。纬度间的热量差异增大导致秋季锋面活动加强，但是由于南下的大陆空气较为干燥，因而中国降水增加不多，只是增加风速使冷空气频繁南下。蒙古国高原 9 月份已发生霜冻，并开始下雪，至 10 月中旬后河湖开始冻结。夏季在地中海的高压也南移到北非，9 月土耳其干旱终止，10 月叙利亚和黎巴嫩也开始降雨，11 月后随着地中海锋面活动的东伸，西亚近地中海区域确立了稳定的冬季降水形式。秋季东南亚与印度半岛东海岸由于气旋活动剧增而多雨，有的地区秋雨占比更显著。东南亚的南海和西太平洋洋面上，东北信风加强，将南海季风逐出菲律宾；吕宋岛西岸 9 月起雨量减少，东岸雨量则显著增多。

（二）欧洲

冬季在北大西洋上有一个稳定低深的冰岛低压区。欧洲大陆上是高气压形势，它的东部是亚洲高压的一部分，西部在伊比利亚半岛一带受北大西洋副热带高压的影响，中欧是大陆冬季冷却形成的冷高压。西北欧与格陵兰岛之间是广阔的洋面，这使冰岛低压区的低压槽一直伸向新地岛。南方地中海一带也是广泛的低压区。该气压分布特征使欧洲大部分地区盛行西风与西南风；而在欧洲地中海沿岸，东部盛行偏东风，西部吹西北风。

冬季欧洲东部与中部受到极地大陆气团的影响，而西欧受该气团的影响较弱，这与盛行由西至东的气流有关。极地海洋气团对西欧天气关系密切。在地形的作用下，极地海洋气团深入到东欧内陆，并在气旋活动中被抬升到上空时，经常产生大范围的降水区。热带海洋气团虽较极地海洋气团暖湿，但相当稳定，进到较冷的欧洲大陆上一般很少产生降水，只是在气旋活动作用下才普遍产生降水。南欧冬季仍旧受到起源于北非的热带大陆气团的影响，地中海地区在这类气团控制下，天气暖热晴朗。东欧诸国冬季多处于冷高压支配，天气晴冷居多。当冷高压向西欧扩张时，由于湿度增加，可以产生大量带有低云的反气旋天气，并使温度大大降低。

夏季深入到欧洲内陆的北大西洋高压进一步增强，成为副热带高压中心之一，其中心位于北大西洋亚速尔群岛附近，几乎遍及北大西洋温带以南广大洋面及其毗连沿岸。在北纬 60 度以北盛行偏北风，以南地区的西部吹偏西风，中部气压梯度微弱，风向不定；地中海东部吹东北风，西部吹偏西风。总体来说，由于欧洲夏季的温度梯度减小，锋面活动不明显，尤其地中海地区锋带完全消失，仅在高纬度才有利于锋生条件。

二、主要地区气候特征

（一）东亚季风区（中国东部）

东亚季风区，包括中国东北到南沙群岛。最北部大兴安岭北部区域位于寒温带，年平均温度仅有–3 摄氏度左右；夏季凉爽，最热月平均温度在 19 摄氏度以下；冬季严寒，最冷月平均温度在–26 摄氏度以下，极端最低温–52.3 摄氏度；年降水量 450 毫米，干燥度小于 1.0，气候湿润。寒温带以南直到沈阳至赤峰、张家口一线属于中温带，常年气温为–3～9 摄氏度，最冷月气温在–25～–10 摄氏度，最暖月在 19～25 摄氏度；降水量为 400～1 000 毫米，集中在夏季。中温带以南直到秦岭淮河属于暖温带区域，年均温为 9～14 摄氏度，气候冬冷夏热，1 月气温为–12～0 摄氏度，7 月气温为 23～27 摄氏度；年降水量 400～900 毫米，干旱发生频率很高，以春旱最为频繁，有"十年九旱"之说。秦岭淮河以南—浙江山地—湖北宜昌—四川广元一线位于北亚热带区域，常年气温为 14～17 摄氏度；冬季易受冷空气入侵，温度较低，1 月气温为 0～5 摄氏度，盛夏受副热带高压控制，最热月气温可达 26～29 摄氏度，气候较为湿润，年降水量多为 800～1 500 毫米，70%集中在 4～9 月份，但降水变率大，旱涝灾害频繁。自北亚热带南界直到南岭，以及四川盆地和云贵高原大部属于中亚热带，大部分地区常年气温 12～19 摄氏度，最冷月气温为 4～10 摄氏度，最热月气温东部平原在 28 摄氏度左右，西部云贵高原为 19～25 摄氏度；年降水量较为丰富，可达 800～1 800 毫米，旱涝灾害多发，且一年之内旱涝灾害可能交替发生。云南南部及南岭以南和台湾岛北部属于南亚热带，常年气温为 18～23 摄氏度，最冷月气温多可达 13～15 摄氏度；云南以东地区最热月气温多在 28～29 摄氏度，云南南部山地海拔较高，最热月气温仅有 22～26 摄氏度；季风降水多，东部常受台风影响，大部年降水量可达 1 100～2 200 毫米。

（二）青藏高原区

青藏高原气候区为青藏高原及其边缘地带，分为高原亚寒带、高原温带和高原亚热带三个子气候带。其中高原亚寒带位于青藏高原中部的果洛、玉树、那曲和阿里中北部地区。这里海拔较高，气候寒冷，最冷月均气温低于 −10～−17 摄氏度，最暖月也只有 5～10 摄氏度，年降水量自东向西递减，不超过 700 毫米，集中在 5～10 月。高原温带位于高原亚寒带周围地区，呈环状分布，气候较温和但垂直分异明显，年均气温为 0～13 摄氏度，最冷月 −16～3 摄氏度，最暖月 8～20 摄氏度，年降水量方面，东部湿润区在 600～1 000 毫米之间，至西部干旱区降至 200 毫米以下。高原亚热带位于青藏高原东南部喜马拉雅山南翼至横断山西南缘地区，这里气候温暖湿润，年均气温大于 11 摄氏度，最冷月均气温一般不会低于 0 摄氏度，最热月均气温高于 18 摄氏度；由于位于季风迎风坡，年降水量通常可达 800 毫米以上。

（三）内陆非季风干旱气候区（内蒙古、新疆、甘肃、宁夏和陕西、山西北部）

内陆非季风干旱区包括大兴安岭—黄土高原东北部—六盘山以西—祁连山—昆仑山以北。除南疆为暖温带外，基本属于中温带。中温带内冬冷夏暖气候干燥，最冷月均气温在–25～–5 摄氏度之间，最暖月在 18 摄氏度以上，个别干燥地区超过 25 摄氏度；年降水量除了阿尔泰山迎风坡较湿润外，其余一般不足 400 毫米。暖温带区域包括南疆的塔里木盆地和吐鲁番盆地等荒漠地区，冬冷夏热、年较差大且极端干燥，年均气温 10～14 摄氏度，最冷月均气温在–10～–5 摄氏度，最热月均气温在 24 摄氏度以上；其中吐鲁番盆地是中国 7 月平均气温最高的区域，可达 32.2 摄氏度，年降水不足 100 毫米，大部为沙漠覆盖。

（四）寒冷干旱气候区（蒙古国和俄罗斯乌拉尔山以东）

寒冷干旱区包括蒙古国和俄罗斯乌拉尔山以东区域。蒙古国从 10 月中旬到次年 4 月中旬，日平均气温都在零度以下，其中 12 月至次年 2 月的月平均气温大多在–20 摄氏度以下。冬季降水量稀少，仅个别年份在较为低平地区有长期稳定积雪，有些地方出现永久冻土，在低纬的非高山地区出现永冻土为世界罕见。夏季最热月平均气温一般在 20 摄氏度左右。降水集中在夏季，年降水量在北部约 200～300 毫米，南部仅 100～200 毫米。在乌拉尔山以东的俄罗斯地区，冬季寒冷、暴风雪频发；1 月平均气温在北部为–20～–30 摄氏度，南部约–15 摄氏度，极端最低气温可达–60 摄氏度。7 月平均气温北部约 15 摄氏度，南部约 22 摄氏度；年降水量南、北部均在 250 毫米左右，中部达 400 毫米。

（五）东南亚季风气候区（除缅甸外的中南半岛和东南亚诸岛）

东南亚季风气候区包括缅甸以东至菲律宾群岛区域。泰国具有明显的干湿季，其中 12 月至次年 3 月为干季，5～10 月为雨季，4 月与 11 月分别为过渡性月份。3、4 月份气温日间升到 35 摄氏度，夜间为 25 摄氏度左右，是一年中最炎热的时期。越南北部是中南半岛上受大陆冬季风影响最为明显的一个地区，11 月起渐渐盛行冬季风，夜间开始有凉意，1～2 月寒潮入侵的个别冷天气温可降到 5～10 摄氏度；4 月中旬气温回升，日间气温升到 25 摄氏度以上，5～9 月，日间气温升至 30 摄氏度以上，夜间 25 摄氏度上下。越南南方受大陆冬季风影响较弱，秋季降水最多，台风频率也最大。老挝在气候上与泰国更接近，柬埔寨与越南南方的气候相近似，受西南季风的影响更明显。

中国海南岛南部和东、中、西沙诸群岛，热量充足，且季节差异不明显，年均气温在 24 摄氏度以上，最冷月气温达 20 摄氏度，最暖月均气温在 28～30 摄氏度之间；降水量多在 1 500～2 000 毫米之间，海南岛西南部因地处背风坡，年降雨量仅有 1 000 毫米左右。南沙群岛全年高温高湿，各月气温差异小，最冷月均气温为 24 摄氏度以上，最热月 28 摄氏度以上，年降水量 1 500～2 000 毫米，且年内分配较均匀，无明显干湿季。

马来半岛东海岸在 10 月至次年 3 月盛行东北信风，阴云多雨，5 月和 9 月常有雷暴雨，6～8 月受西南季风影响，雨量也较多。全境几乎全年有雨，无明显干、雨季之分。印度尼西亚是世界多雨地区之一，年降水量几乎都在 2 000 毫米以上，多雷暴；全境气温、湿度全年都较高，年较差小，其中雅加达气温年较差仅 1.1 摄氏度，极端最高气温为 35.6 摄氏度，极端最低气温为 18.9 摄氏度。

菲律宾群岛高温多雨，每年有数十个热带气旋过境进入南海，以 9、10 月最多；热带气旋主要通过菲律宾群岛的北部与中部诸岛，对南部棉兰老岛几乎没有影响，强烈的台风在菲律宾每年引起风灾与洪水；群岛整体 7～9 月盛行西南季风，西海岸雨量大增；10 月至下年 1 月盛行东北季风，东海岸雨量相应增加；一般来说一年内雨季干季的对比不如中南半岛明显，年降水量约 2 000～2 500 毫米，不少地方在 4 000 毫米以上。

（六）印度季风气候区（印度、尼泊尔、不丹、孟加拉、斯里兰卡、马尔代夫）

印度季风气候区包括印度半岛至缅甸及附近岛屿。其中缅甸气候完全属于印度季风的范畴之内,并且夏季风开始的日期比印度早半个月左右,季风最显著的迎风坡年降水量可达 5 000 毫米以上;5 月经常发生暴雨,6~8 月几乎每天下雨;缅甸北部纬度位置虽然偏北,但年降水量亦达 2 000 毫米,冬季平均气温降到 20 摄氏度以下,6~8 月雨日都可达到 20 天。

印度半岛是典型的热带季风地区,当地居民习惯上一年只分三个季节,冷季(11~2 月)、热季(3~5 月)、雨季(6~10 月)。其中冷季中的 1 月份平均气温在半岛西北部不到 13 摄氏度,在恒河平原与德干高原北部为 13~21 摄氏度,南部为 21~27 摄氏度,冷季也是降水较少,较为晴朗的月份。3 月后气温迅速上升,进入热季,北部恒河平原 4 月平均气温几乎近 30 摄氏度,5 月可达 35 摄氏度,是全年最热的月份,半岛南部稍低些,4 月和 5 月平均气温大约为 28 摄氏度和 29 摄氏度,即使中午最高气温也很少超过 38 摄氏度。雨季自 6 月份开始,6 月中旬前后夏季风突然爆发,此时风力加大,云层增厚,雷暴频繁发生,气温略有下降;降水量最多的地区在印度东北部的乞拉朋齐,多年平均雨量约为 11 000 毫米;而印度西北部为干燥气候地区,年降水量一般不超过 250 毫米,很大一部分为沙漠。

(七)南亚干旱气候区(巴基斯坦)

南亚干旱气候区位于印度塔尔沙漠以北,阿富汗山地以南,青藏高原以西。热量是同纬地区较充足的区域,印度河平原北部已近北纬 35 度,全年各月气温可达到南亚热带标准,相当于中国福州。由于位于南亚次大陆西北,印度洋季风仅在盛夏可以到达,故降水量高度集中在 7、8 两个月,其余月份降水稀少,气温高蒸发量大,全年整体气候干燥。如南部沿海的卡拉奇虽然位于北回归线以北的北纬 25 度,而 1 月平均气温达 18 摄氏度,最热月平均气温达 31 摄氏度以上,已达到热带标准,但年降水量 200 毫米,且集中在盛夏,远远弥补不了蒸发量;印度河平原北部的白沙瓦 1 月平均气温 11 摄氏度以上,最热月 6 月达 33 摄氏度,年均气温 22 摄氏度,年降水量 400 毫米,也较为干旱；全国仅东北部帕米尔高原西南部迎风坡降水较多，如首都伊斯兰堡年降水量大于 1 100 毫米。

（八）亚洲西部干旱气候区（中亚五国和西亚及非洲的埃及）

亚洲西部干旱区包括西亚–中东区域及中亚五国。其中，中亚五国为远离大洋的广袤内陆地区，地形上具有周边高、中间低的特点，气候特别干燥。北纬 40 度以南的中亚南部属副热带气候，冬季较短，1 月平均气温稍高于 0 摄氏度；7 月平均气温达 30 摄氏度左右，沙漠地区还要高些，最热时在阴荫下也可达 45 摄氏度；降水主要发生在冬春季节。北纬 40 度以北的中亚北部，气候上从副热带过渡到温带，冬季比南部冷得多，1 月平均气温在靠近南部地区为–5 摄氏度，在靠近西伯利亚地区降到–15 摄氏度；7 月平均气温约 23～25 摄氏度；年降水量一般不到 200 毫米，在咸海西南方甚至不到 100 毫米。

西亚和阿拉伯半岛大部分为沙漠，终年炎热干燥。北回归线横贯阿拉伯半岛中部，年降水量不足 100 毫米。半岛南部的也门山地最为湿润，年降水量局部可达 500～700 毫米，降水多发生在北非季风盛行的 7～9 月间。土耳其以南直到埃及西奈的沿海地带，受地中海影响，秋温高于春温，冬季温和多雨，而 5 至 10 月则少云无雨。其以东的叙利亚大部分地区为沙漠，年降水量不到 200 毫米，且集中在冬季月份，5 月后雨止，云消日间气温可升到 35 摄氏度以上。叙利亚和约旦以东的美索不达米亚平原气候更为干燥，年降水量一般不到 150 毫米，主要为冬季降水，夏季气温升到 35 摄氏度，有时超过 40 摄氏度。土耳其半岛（小亚细亚半岛）本身是安纳托利亚高原，大陆性气候显著，年降水量不足 400 毫米；冬季日间气温超过 5 摄氏度，夜间降到零度以下；夏季日间气温可达 30 摄氏度，夜间低于 15 摄氏度。而土耳其的地中海沿岸，降水集中在冬季月份，夏季较为干旱；受地中海气旋影响，年降水量可达 500 毫米以上，坡地可达 1 000 毫米；冬季夜间气温降到 5 摄氏度以下，5 月下旬后天气变热，日间气温升到 25 摄氏度以上，7 月、8 月最高气温超过 30 摄氏度。

埃及是此气候带内唯一的非洲国家，位于非洲东北部的撒哈拉沙漠东部，冬季舒适温和，1 月气温南部 15～20 摄氏度，北部地中海沿岸月均气温 13 摄氏度；7 月南部阿斯旺均温可达 33 摄氏度，北部地中海沿岸 26 摄氏度。最北部的亚历山大港年降水量为 200 毫米，塞得港减少到 75 毫米，开罗更少仅为 30 毫米，且多发生在冬季。每一次气旋过境往往引起沙尘暴，在春季与初夏尤其常见，且持续 2～3 天。开罗以南几乎完全无雨，但偶尔也会发生一昼夜间骤然降水 25～50 毫米暴雨的情况。

（九）寒冷湿润气候区（俄罗斯乌拉尔山脉以西和东欧诸国）

寒冷湿润区包括乌拉尔山脉以西的俄罗斯国境、东欧地区及巴尔干半岛。其中，乌拉尔山脉以西的俄罗斯平原北部地区特点是冬季漫长，西部为五个月，东部长达七个月，北极圈内地区 1 月平均气温在–20 摄氏度以上，北部巴伦支海沿岸受暖洋流影响尤其暖和。在俄罗斯芬兰边境地区，1 月均温增至–10 摄氏度左右。这一地区夏季盛行偏北风，最暖月均温为 10～17 摄氏度；年降水量变化于 550～600 毫米（南部）至 350 毫米（北部）之间；极圈以北为苔原，其余为针叶林。乌拉尔山以西的俄罗斯平原中部冬季较长，从西南部的 2～3 个月至东部的 5～6 个月；此区域 1 月均温西部为–6～–4 摄氏度，东部为–16～–14 摄氏度，最冷时可达–45 摄氏度；夏季气温东部高于西部，平均气温分别为 19 摄氏度和 17 摄氏度；年降水量西部约为 600～700 毫米，东部约为 500～600 毫米，东南部减少到 400 毫米；西部为混交林，南部为落叶阔叶林与森林草原，其中白俄罗斯和波罗的海三国一带气候湿润，不少地区分布有沼泽化地带。

俄罗斯平原南部地区是草原地区，呈现显著的大陆性气候，越向东越强烈；1 月平均气温西部为–5 摄氏度，东部为–10 摄氏度；夏季 7 月平均气温变化于 22～25 摄氏度之间。这一区域降水较少，第聂伯河下游年降水量为

350～400 毫米，伏尔加河下游仅 200～300 毫米，干旱与干旱风是这一区域大陆性气候显著的表现形式之一。克里米亚半岛属于地中海气候特征，半岛北部 1 月均温约为–2 摄氏度，7 月为 22～23 摄氏度，最热可达 40 摄氏度；半岛南部地中海气候特征尤为强烈，表现为冬季温和阳光充足，冬半年降水多于夏半年，7 月均温可达 24 摄氏度左右，是著名的避寒与疗养圣地，南部黑海沿岸可栽培常绿副热带植物。高加索山脉是一条重要的气候分界线，将高加索分划成北高加索温带暖热气候与南高加索副热带气候。北高加索气候与俄罗斯平原东南部相似，也是显著的大陆性暖和气候；冬天由于盛行亚洲高压吹出的东北风，1 月平均气温约–5 摄氏度；夏季炎热，常发生雷雨和焚风，7 月平均气温一般在 24 摄氏度左右。南高加索西部朝向黑海地区，盛行副热带暖湿气候，1 月平均气温超过 0 摄氏度，沿海接近 5 摄氏度，7 月平均气温约 23 摄氏度，降水充沛，高加索山南部朝黑海迎风坡可超过 2 000 毫米。南高加索朝向里海的阿塞拜疆为副热带干燥气候，冬季受亚洲冷气流影响强烈，1 月气温比黑海沿岸低 3 摄氏度左右，夏季干热，7 月平均气温在 25 摄氏度上下，年降水量约 400 毫米。南高加索最南部的亚美尼亚是高原地区，冬季生成地方性小高压，夏季生成热低压，最冷月平均气温为–12 摄氏度，最热月为 25 摄氏度，年降水量为 400～600 毫米。

东欧诸国中，波兰仍以偏西风为主，1 月平均气温–4～–2 摄氏度，华沙能观测到–22 摄氏度的极端最低温度；7 月平均气温为 19～20 摄氏度；年降水量为 500～600 毫米，南部山地增至 1 000 毫米以上。捷克和斯洛伐克在气候上尚有海洋性，平原地区最冷月平均温度为–2 摄氏度，最暖月平均温度约为 19 摄氏度；年降水量为 430～500 毫米，在高原与山地增加到 1 000 毫米。匈牙利大陆平均气温超过其西部的奥地利和北部的捷克、斯洛伐克，匈牙利一年里有 3 个月平均温度低于 0 摄氏度，有 7 个月高出 10 摄氏度，但最热月平均温度不到或接近 22 摄氏度。而罗马尼亚又超过匈牙利，罗马尼亚由于受俄罗斯平原南下的冬季寒潮影响，其极端最低温度达–30 摄氏度，夏季极端最高温度可达 37.8 摄氏度。巴尔干半岛东部的克罗地亚西部和阿尔巴尼亚与保加利亚东部分别濒临亚得里亚海与黑海，保加利亚南部和马其顿已属副热带气候，这与巴尔干半岛内陆的温带气候不同，塞尔维亚冬季气温可降到–2～–1 摄氏度；保加利亚冬季受俄罗斯平原的冷气流侵袭时可使气温降到–30 摄氏度，夏季较热，平原地区 7 月平均气温升到 22 摄氏度以上，最高气温经常在 32 摄氏度以上，甚至可升到 38 摄氏度以上；年降水量为 500～700 毫米。克罗地亚的亚得里亚海沿岸降水较多，是欧洲多雨区之一。

综上所述，"一带一路"沿线地区覆盖了从极地和东西伯利亚极寒地区至赤道附近的热带雨林和西亚北非的炎热沙漠地区，年均温从仅有–8.8 摄氏度的雅库茨克至年均温达 30.8 摄氏度的麦加，热量差异巨大；湿度从极端干旱的新疆塔克拉玛干沙漠和撒哈拉沙漠，至降水丰沛的东南亚，从年降水量仅为 1.4 毫米的阿斯旺，到超过 10 000 毫米的印度乞拉朋齐，干湿条件千差万别。此外，由于气候类型多样、气候变率大，沿线不同地区发生不同的气候灾害，如东南亚和中国东南沿海的台风灾害、中国华北的旱灾、东欧平原的暴风雪、西伯利亚到蒙古国的寒冻灾害，以及西亚和北非区域的沙尘暴灾害等。因此，"一带一路"沿线也是气候灾害频发且影响人口众多的区域。

三、气候—经济区划及其气候与农业经济特征

中东欧寒冷湿润区（Central and Eastern Europe sub-region with cold and humid climate，CEE）：本区主要属温带大陆性湿润气候，其实质是由海洋性气候向大陆性气候的过渡，而俄罗斯北部地区属亚寒带大陆性气候，中东欧南部属于地中海式气候。本区地处西风带，又缺少南北向山脉，强烈的西风和西南风引导暖湿海洋气团深入大陆，冬季以阴雨天气为主，1 月平均气温为 0～4 摄氏度，较为寒冷；夏季气温分布主要受辐射因素影响，等温线基本呈纬向分布且梯度较小，7 月平均温度在 18 摄氏度左右；年降水量为 500～

600 毫米，由北向南减少，夏季偏多。

在寒冷湿润气候条件的影响下，本区主要适合喜凉作物的培育。种植业在农业中的比例较高，主要作物有小麦、玉米、马铃薯、甜菜、油菜等，也有烟草栽培。另外温带水果广为种植，有丰富的葡萄、苹果、梨、桃等。白俄罗斯、乌克兰、波兰的畜牧业较为发达，主要为牛、羊、猪、禽等，其中波兰还生产狐狸和河鼠毛皮。东欧南部地区的乌克兰、罗马尼亚、保加利亚等国热量资源相对丰富，且土地肥沃，是主要的农业区，其生产作物不仅有喜凉的冬小麦、春小麦、向日葵、甜菜等，也有喜温的玉米、水稻及各种水果浆果，其中保加利亚盛产玫瑰，玫瑰花和玫瑰油的产量均居世界第一。

蒙俄寒冷干旱区（Mongolia and Russia sub-region with cold and arid climate，MR）：本区幅员辽阔、气候复杂多样，但基本属于北半球温带和亚寒带大陆性气候，其西北部沿海地区具有海洋性气候特征，远东太平洋沿岸则具有季风气候特点。本区大多数地区处于北纬 45 度以北，太阳辐射少且寒冷，北部有极昼和极夜出现。冬季大部分地区气温低于 0 摄氏度，东西伯利亚中部气温约为–40 摄氏度，极端最低气温可达–71 摄氏度；7 月大部分地区平均温度为 12～20 摄氏度，气温基本呈纬向分布。夏季东、中西伯利亚的内陆气温日较差可达 18～20 摄氏度，北部和东部沿海则不到 10 摄氏度。本区降水受到西缘乌拉尔山的阻挡，西西伯利亚北部和中部、东西伯利亚大部年降水量为 200～400 毫米，东西伯利亚北部在北极高压控制下年降水量仅为 100～200 毫米。山区降水量大于平原，而本区东部堪察加半岛受季风影响年降水量可达 1 000～2 000 毫米。较多地区全年降水分布均匀，但远东受季风影响降水集中，夏秋季占全年降水 90%左右。

由于气候条件的限制，本区种植业的作物单产只有世界平均水平的一半左右，谷物主产区为乌拉尔山一带及西西伯利亚平原等，谷物大部分用作饲料；小麦是主要的粮食作物，而大麦和燕麦由于单产高、气候适应性强，播种面积也在增大，其产量位于世界前列；主要经济作物是亚麻、甜菜、向日葵等，但难以自给。本区蔬菜水果的产量也不高，蔬菜以马铃薯、甘蓝、胡萝卜等种类为主，优质蔬菜的产出很少，人均水果产量不足世界水平的三分之一，以耐寒的苹果和生育期短的草莓为主。畜牧业在本区尤其是东部地区农业中的比重较大，但生产水平不高，其中养牛业的地位最为重要，养禽业近来也有了较大发展，人均禽蛋占有量超过世界平均水平40%以上。本区有长达3万千米以上的海岸线，渔业资源丰富，产量居世界前列。

中亚西亚干旱区（Central and West Asia arid sub-region，CWA）：本区年辐射总量高，7月平均气温从北部的25摄氏度增加至南部的32摄氏度，沙漠中的极端高温可达50摄氏度以上，气温日较差较大，最高可达35摄氏度；冬季1月平均气温南部为3摄氏度，北部为–15摄氏度，极端低温南部为–30摄氏度，北部可达–50～–40摄氏度。由于中亚处于欧亚大陆的腹地，南部的高山阻挡了水汽深入，气候十分干燥，北部地区年降水量为200毫米，到塔什干西南的"饥饿草原"仅为30毫米，而南部山脉的西南坡受冬季气旋的影响，降水多达1 000毫米。中亚南部以3月降水最多，12月和1月次之；北部降水最多月推迟至4～5月，受夏季对流影响的高海拔山区则为7～8月。西亚除地中海、黑海沿岸年降水量能达到700～2 000毫米之外，其余大多数都为干旱、半干旱的草原气候或沙漠气候，年降水量大多不足400毫米。

虽然水资源的缺乏在很大程度上限制了本区种植业的发展，但是近年来灌溉技术的进步、生产体系的集约化和旱作农业的推广正在打破这种限制。本区的农业生产为畜牧农业、旱作农业、灌溉农业和淡水渔业相结合，农作物主要有小麦、大麦、玉米、水稻、马铃薯、棉花、甜菜、花生、柑橘、葡萄等，同时还生产奶类、牛羊和家禽类。其中有"欧洲冬季厨房"之称的以色列，冬季利用温暖的气候和精良的设施，生产长茎玫瑰、小枝香石竹、甜瓜、番茄、黄瓜、青椒、草莓、猕猴桃、鳄梨等，大量出口销往欧美市场。而乌兹别克斯坦、土库曼斯坦等国利用锡尔河和阿姆河大规模发展灌溉农业，并对沙漠进行改造，成为世界著名的棉花生产基地。同时，中亚各国也进行大规模的牛、羊放牧。

东南亚温暖湿润区（Southeast Asia sub-region with warm and humid climate，SEA）：本区是"一带一路"沿线陆域纬度最低的地区，为热带湿润气候，大部分地区的年平均气温在 25～27 摄氏度，年较差一般不超过 5.5 摄氏度，赤道附近只有 2 摄氏度。年降水量区域差异较大，但大部分地区年降水量在 2 000 毫米左右。由于地形和大气环流的影响，本区形成了两种气候类型：（1）热带雨林气候，主要在赤道附近（南纬 5 度～北纬 5 度），这里太阳辐射强烈、气温高、气压低，易形成对流雨，年降水量超过 2 000 毫米；（2）热带季风气候，年降水量低于热带雨林气候区，一年中有明显的干湿两季，北纬 5 度以北 5～10 月为雨季，盛行西南季风，11 月至次年 4 月为干季，盛行东北风，南纬 5 度以南地区干湿季相反。

温暖湿润的气候特点为农业生产提供了丰富的水热资源，尤其利于水稻和热带作物的种植，因此这里是世界上大米的著名产区，大多数地区水稻一年三熟，位于赤道附近的印度尼西亚甚至可一年四熟。本区农业结构以种植业为主，粮食作物占主导地位，包括水稻、玉米、木薯、大豆等，同时也盛产橡胶、椰子、甘蔗、咖啡、茶、香料等热带产品以及柚木、红木、铁松等优质木料。由于气候不适宜种植小麦，面粉完全依赖进口。本区畜牧业也有所发展，主要养殖种类为鸡鸭猪牛等，但由于奶牛难以适应湿热气候，还需进口大量牛奶及奶制品。在水产业方面，沿海的越南、泰国鱼类资源丰富，盛产沙丁鱼、鲍鱼、鲭鱼等，可供大量出口。印度尼西亚作为岛国，近年来水产业发展迅速，以海洋渔业为主，金枪鱼产量位于世界前列。

巴基斯坦干旱区（Pakistan arid sub-region，PAK）：巴基斯坦位于南亚次大陆西北部，大部分地区处于亚热带，气候炎热干燥，平均年降水量小于 250 毫米，大约 25% 的地区不足 120 毫米。6、7 月份最为炎热，大部分地区日最高气温超过 40 摄氏度，部分地区可达 50 摄氏度以上，只有海拔在 2 000 米以上的北部山区比较凉爽，昼夜温差约 14 摄氏度；一年中气温最低是 12 月至翌年 2 月。

农业是巴基斯坦的支柱产业,但农业经营粗放,生产水平不高。由于降水稀少,蒸发强烈,大部分地区呈现荒漠和半荒漠景观,森林覆盖率低,林业产值只占农业总产值的 0.5%。农业生产中,种植业约占总产值的 60%,盛产小麦、大米、棉花、玉米、甘蔗、枣、黄麻、山黎豆、茶叶、烟草,以及柑橘、杧果、番石榴等水果和番茄、洋葱等蔬菜,但在缺水的影响下大片可垦荒地尚未利用。畜牧业产值占农业总产值的 36%,以牛羊为主,兼养骆驼。巴基斯坦所属的阿拉伯海海域是印度洋渔业生产力最高的地区之一,但其渔业产量不高,约占农业总产值的 3.5%。巴基斯坦主要出口农产品为糖料、棉花、水果和淡季蔬菜,主要进口农产品为小麦、油料、茶叶等。

孟印缅温暖湿润区(Bangladesh-India-Myanmar sub-region with warm and humid climate,BIM):本区包括印度、孟加拉国和缅甸,主要为热带季风气候。全年共分四季,1~2 月为凉季,3~5 月为热季,6~9 月为西南季风下的雨季,10~12 月为东北季风下的干季。北方气温最低约为 15 摄氏度,热量资源极为丰富。本区全年降水主要集中在 7~8 月,且降水量年际变化大,容易发生干旱或洪涝灾害。同时,年平均降水量的地区差异也很大,印度全国 36% 的地区年降水量在 1 500 毫米以上,其中阿萨姆邦的乞拉朋齐年降水量高达 10 000 毫米以上,是世界上降水最多的地区,而西部塔尔沙漠年降水量却不足 100 毫米。

丰沛的水热条件为农业生产提供了较为有利的条件。本区的农业生产以种植业为主,而种植业又以粮食作物为主,其中稻谷占谷物总产量的一半以上,接下来为麦类、高粱、谷子、玉米等,块茎类作物也是口粮的重要组成部分。但受水旱灾害多发以及农业生产水平低下的影响,谷物平均单产不足世界平均水平的 80%。经济作物在本区的农业中占有重要地位,主要为豆类、茶叶、甘蔗、瓜菜、花生、油菜、芝麻、棉花、椰子和烟草等,但人均油料、蔬菜和水果占有量不到世界人均的 2/3。畜牧业生产水平较低,人均肉蛋占有量不足世界平均水平的 1/5。其南面为广阔的印度洋，渔业资源相对丰富，在一定程度上弥补了动物食品的短缺。总体上本区的农业自然资源条件优越，但由于自然灾害频繁、基础设施落后和农村贫富悬殊，目前生产力水平还很低，未来发展潜力巨大。

中国东部季风区（Eastern China monsoon sub-region，CNE）：本区主要为季风气候，夏季主要受东南季风影响，高温多雨、雨热同期；冬季受北方冷气流影响，大部分地区寒冷干燥。风向、降水、气温等随季节变化而有明显的更替。雨季主要集中在 5～9 月，湿润程度高，年降水量大于 400 毫米。根据热量条件，自北向南可划分为温带、暖温带、亚热带、热带四个农业气候带。

本区是中国的主要农业区，显著的季风气候形成了农业生产的季节性。光热水资源丰富、雨热同期，有利于作物的栽培生产。其农业生产以种植业为主，粮食生产为重，兼有林、果、牧、渔业。位于季风区北部的温带地区是中国最大的商品粮基地，主要种植玉米、大豆、春小麦、谷子、高粱和水稻，同时森林资源丰富，广阔的优质草原利于发展畜牧业，因此也是肉类和奶制品的主产区。南部热带季风区热量资源最为丰富，年平均气温大于 20 摄氏度，一年三熟或多熟，大量种植橡胶、胡椒、咖啡等热带作物和菠萝、龙眼、香蕉、荔枝、杧果等热带水果。最南端的南海诸岛属热带珊瑚岛群，分布各种藻类，产海贝、海参、红鱼等，适宜发展热带海洋捕捞。

中国西北干旱区（Northwest China arid sub-region，CNW）：本区处于大陆腹地，降水较少，具有典型的大陆性温带半干旱—干旱气候特征。本区辐射强烈、日照充足，年总辐射量为 5 000～6 700 兆焦/平方米，全年日照时数达 2 800～3 400 小时。夏季温度高，日较差大。降水量较少，季节分布不均匀，且年际变率大。内蒙古年降水量 150～400 毫米，甘肃、新疆地区大多不足 200 毫米，南疆普遍不足 80 毫米。本区域的气象灾害主要为干旱、干热风、风沙、低温冻害等。

本区草地资源丰富，草甸草原、干草原、荒漠草原广阔，农业生产以牧业为主，兼有绿洲农业。甘肃、新疆地区由于极端干旱，分散而封闭的绿洲是农业生产基地和经济活动的主要场所，由于光热条件优越，棉花、甜菜、瓜果等种植业发展较好。新疆南部绿洲可一年两熟，生长优质葡萄和长绒棉；其他地区能种植喜凉和喜温作物，一年一熟。内蒙古以草原牧区为主体，牲畜种群构成从东部森林草原、草甸草原的以牛、马为主，到中部典型草原以绵羊为主，再到西部荒漠草原以山羊和骆驼为主。种植业主要分布在河谷，以旱作为主，主要种植春小麦、莜麦、玉米和油菜等，由于水资源缺乏、热量不足、气象灾害多以及粗放耕种，单产低下且不稳定。

青藏高原区（Tibetan Plateau sub-region，TIB）：本区虽处于亚热带和暖温带的纬度，但由于地势高、距海远，印度洋的水汽被喜马拉雅山阻隔，大部分地区寒冷干燥。青藏高原空气稀薄，尘埃和云量少，晴日多，是中国太阳辐射资源最丰富的区域，海拔 3 300 米以上年总辐射量为 5 800～8 700 兆焦/平方米，全年日照时数一般高于 2 000 小时，高原达 3 500 小时。但热量条件较差，各地年均气温为–6～6 摄氏度，由东南向北部递减；冬季高原北部 1 月均温低于–15 摄氏度，雅鲁藏布江中游谷底–3 摄氏度左右；最热月均温藏北高原大部分地区低于 8 摄氏度，是中国夏季气温最低的区域，而雅鲁藏布江下游河谷可达 22 摄氏度；由于气温日较差大，最热月的极端最低气温也常达 0 摄氏度以下。本区干湿季分明，雨季多从 4 月或 5 月开始，持续 4～5 个月，降水量占全年 85%以上；年降水量由东南向西北减少，喜马拉雅山南坡的河谷低地可达 2 000 毫米，川西马尔康—松潘一带约 800 毫米，到西北阿里地区则小于 100 毫米。

本区农业生产以高原牧业为主，牧业产值占一半以上。草地辽阔，耐寒天然牧草可用于放养牦牛、藏羊等耐寒耐低氧的高原特有物种，放牧上线达海拔 5 500 米，肉、奶、毛绒兼用。由于寒冷干燥气候的限制，羌塘高原北部与高山中上部约十多万平方千米的高寒草地开发价值较小，已开发草地中还有相当数量的缺水草地长期超载。农业主要分布在沟谷低海拔处，由于霜冻在任何月份都可能发生，不利于喜温作物的生长，农作物以喜凉耐寒的青稞、小麦、马铃薯、油菜为主。由于夏季冷凉，小麦生育期较长，加上高原日照充足、日较差大、夜雨较多、白天气温不高，更易获得高产，但其蛋白质含量偏低、品质较差。受寒冷缺水的制约，总体上粮食平均单产远低于全国水平。

第二节　气候变化趋势及未来情景

"一带一路"沿线的相当大部分地区属于内陆干旱半干旱区。近百年来，该区域气候增暖速率远甚于全球平均水平（Huang *et al.*，2012），导致山地冰川普遍退缩，区域水资源分布格局改变，可持续发展面临挑战。随着气候增暖，亚欧大陆热浪、暴雨等极端天气气候事件增多增强，造成巨大的经济和社会损失。例如热浪致生产力损失的世界格局研究表明（Yu *et al.*，2019），亚欧大陆核心区中亚一带正是这类损失最严重的区域之一。2013 年夏季中国东部持续超级热浪造成的经济损失，以南京为例，可达当地 GDP 的 3.43%（Xia *et al.*，2018）。近年来一些高寒地区由于异常高温和降水而发生罕见的冻融泥石流灾害。处于干旱区的新疆南部 2013 年 5～6 月期间接连遭遇破纪录的强降雨，引发多地泥石流和塌方。统计表明，极端天气气候事件是导致中亚地区经济损失最严重的灾害源（杨涛等，2016）。下面先简述亚欧大陆分区极端气温和降水气候特征，再基于最新研究概述其主要变化趋势及未来情景。

一、气候变化的区域差异

气温：根据英国东安格利亚大学气候研究中心（Climatic Research Unit，CRU）的格点化观测资料，亚欧大陆整体而言，夏季平均气温为 16.7 摄氏度，冬季为–2.3 摄氏度；春、秋季和年平均气温则在 6.3～8.1 摄氏度之间（严中伟等，2019）；气温分布大体呈现由南向北递减的特征，区域差异夏季小，冬季大，高低纬间季节平均温差可达 70 摄氏度。低纬度的 BIM、SEA 及 CWA 南部年平均气温高达 30 摄氏度以上；TIB 及 MR 北部寒冷，尤其是东北亚一带冬季平均气温低达–40 摄氏度以下；位于墨西哥湾暖洋流下游的 CEE 一带主要受海洋性气候影响，冬夏差异较小，冬季比同纬度的大陆气候区温暖得多；CNE 则受冬、夏季风影响，夏热冬寒。

"一带一路"沿线地区大多四季分明，易于遭遇热季高温热浪和冷季低温事件；最极端高温出现在 CWA（尤其是阿拉伯半岛）、PAK 及 BIM 一带，多年平均的极端高温达 45 摄氏度以上；最极端低温出现于 MR 区，东北亚一带达–50 摄氏度。低纬的北非到东南亚一带生长季可达 350 天以上，几乎没有霜冻日；而濒临北冰洋的亚欧大陆北部生长季不足 100 天，霜冻日数可长达 200 天以上。张井勇等（2018）分析了各地暖夜（日最低温高于 25 摄氏度）、霜冻（日最低温低于 0 摄氏度）以及冰冻（日最高温度低于 0 摄氏度）日数等极端气候指数，其区域分布特征与上述极端高、低温分布相仿。表 1–1 对比列出沿线 9 个典型区的平均和极端气温特征。

表 1–1　"一带一路"沿线分区气温和降水气候特征值

气候—经济分区	年均气温（摄氏度）	极端高温（摄氏度）	极端低温（摄氏度）	生长季（天）	年降水量（毫米）	大雨日数（天）
CEE	5～10	28～32	–30～–25	150～200	400～800	10～40
MR	–20～0	26～32	–50～–45	90～140	200～400	< 10
CWA	15～30	40～44	–10～–5	310～360	<200	≈10
SEA	25～30	36～38	10～15	>350	>2 000	40～60
PAK	20～25	41～43	–6～–3	>330	200～800	10～40
BIM	25～30	40～43	5～10	>350	600～1 800	10～40
CNE	10～20	35～37	–15～–5	200～350	400～2 000	≈40
CNW	0～5	35～37	–20～–5	200～230	<200	< 10
TIB	–10～5	23～27	–20～–15	120～170	200～400	< 10

注：气候特征值主要参考严中伟等（2019）和张井勇等（2018），其中极端高/低温指年内最高/低温记录的多年平均值；生长季指持续 5 摄氏度以上的暖季日数；大雨日数指格点降水大于等于 10 毫米的日数。

　　降水：沿线典型区的降水量相比气温具有更复杂的区域特征。其中热带季风区 SEA、BIM（尤其是孟加拉湾一带）以及 CNE 副热带夏季风区南部一带的年降水量最大，可达 2 000～3 000 毫米；干旱区特别是 CWA、CNW 以及 TIB 内陆部分（一些山地除外）年降水量低至 200 毫米以下；CEE 主要受温带海洋性西风带影响，年降水量在 400～800 毫米之间；大陆性西风带气候的 MR 一带年降水量在 400 毫米左右；PAK 地区在 200～400 毫米之间。总体来看，亚欧大陆偏低纬区域降水多受夏季风控制，因而夏季降水量占全年降水量的比例很高；偏北地区则主要是西风带降水，季节差异较小。

　　强降水量（日降水量高于第 95 百分位阈值的降水总量）和大雨日数（格点化的日降水量大于等于 10 毫米的日数）可用以反映区域降水的极端程度。根据格点化的观测资料分析（严中伟等，2019）表明，BIM、SEA 和 CNE 南部等受夏季风影响的区域强降水量较多，可达 400 毫米以上；最大值在菲律宾群岛和中南半岛北部，超过 800 毫米。这些区域每年的大雨日数普遍在 40 天以上，菲律宾群岛到苏门答腊岛一带可达 60 天以上。CEE、PAK 以及 CWA 南部沿海地区强降水量在 100～200 毫米之间，大雨日数在 10～40 天之间。CWA 北部、MR、CNW 以及 TIB 等地极端降水量不足 100 毫米，大雨日数在 10 天以下。表 1-1 列出部分降水指标供对比。

　　干旱：干旱气候的影响波及沿线几乎任何地区。从东亚西部至中亚、西亚以及西伯利亚部分地区是典型的内陆干旱—半干旱区，远离海洋，主要受大陆性气候以及西风环流影响，最易发生干旱；较为湿润的 CEE 以及 MR 部分地区也会遭遇严重干旱。张井勇等（2018）计算了沿线各地的干日数，即日降水量小于 1 毫米的天数，结果与上述强降水指数的分布格局大致相反，即强降水较多的区域，干日数较少；MR 南部、CNW、CWA 以及 PAK 等干旱区一年的干日数平均可达 300 天以上；SEA 干日数最少，大都小于 200 天；其他区域介于 200～300 天之间（表 1-2）。根据 CRU 的自适应帕默尔干旱指数（Self-calibrating Palmer Drought Severity Index，scPDSI），定义月 scPDSI<=

–2.0 为干旱态,用以反映较为极端的干旱事件。一个干旱事件的持续时间为干旱态持续的月数,其严重性则为干旱持续时间内 scPDSI 的累计值(负值越大表明干旱越严重)。据此分析表明,PAK、CWA、CNW 以及 BIM 区域干旱相对更为严重。从发生频次看,CEE、MR 和 CNE 区域发生此类极端干旱事件相对较少,每十年 3 次左右;其他典型区每十年 4 次左右。

干旱事件的平均持续时间与干日数有关。每年干日数超过 300 天的 PAK,CWA 和 CNW,其干旱事件的持续时间也最长,分别可达到 12.1、11.0 和 10.1 月。平均干旱事件的严重性与持续时间也有关,即持续时间长则干旱程度也大。总体而言,CNW、CWA、PAK 以及 BIM 北部地区的干旱频次高、程度大,持续时间也长,尤其是 CWA 的阿拉伯半岛及伊朗高原一带干旱事件的持续时间平均可达 20 个月左右。BIM 尽管年降水量较多,但个别年份也会发生严重干旱(Barlow *et al.*,2016),过去 50 年间曾在两次拉尼娜(La Niña)期间(1999/2001 和 2007/08)发生最严重的干旱事件。CNE 北部(华北)干旱持续时间和强度也很大。SEA 气候湿润,虽然干旱时有发生,但发生的严重程度弱。欧洲西濒大西洋,气候总体偏湿润,但干旱不仅发生在半干旱区如地中海一带(Hoerling *et al.*,2012),也会发生在欧洲全境,包括不列颠群岛、斯堪的纳维亚和俄罗斯(Spinoni *et al.*,2017)。南欧更易于出现干旱事件,其持续性和强度也更甚于欧洲其他地方。MR 整体而言干旱不严重,但贝加尔湖以北的中西伯利亚高原以及蒙古国一带受干旱影响较大。表 1–2 列出近几十年沿线各气候—经济区干旱气候统计结果,以便对比参考。

表 1–2 "一带一路"沿线分区干旱事件的气候特征值统计

气候—经济分区	干日数(天/年)	年均 scPDSI	干旱频率(次数/年)	持续时间(月/次)	严重性(scPDSI 累计值)
CEE	~250	0.21	0.27	7.88	–20.67
MR	~300	0.23	0.27	8.42	–22.40
CWA	> 300	–0.68	0.37	10.95	–29.84

续表

气候—经济 分区	干日数 （天/年）	年均 scPDSI	干旱频率 （次数/年）	持续时间 （月/次）	严重性 （scPDSI 累计值）
SEA	＜200	−0.22	0.39	7.90	−20.85
PAK	＞300	−0.84	0.38	12.14	−33.21
BIM	250～300	−0.65	0.39	9.96	−26.84
CNE	～250	0.04	0.32	7.94	−20.06
CNW	＞300	−0.65	0.40	10.13	−27.65
TIB	250～300	−0.47	0.43	8.37	−22.43

注：气候特征值主要参考严中伟等（2019）和张井勇等（2018），其中干日数指每年内日降水量小于 1 毫米的日数。干旱事件年均发生频次、平均持续时间以及严重性均基于月 scPDSI≤−2 计算得到。

二、过去百年气候变化分析

气温加速升高、高温热浪趋频。根据联合国政府间气候变化专门委员会（Intergovernmental Panel on Climate Change，IPCC）（2013）评估报告，自 19 世纪后期以来全球表面平均温度显著升高，约 0.85 摄氏度/100 年；大陆区域增温更甚。最新的 CRUTEM4.6.0.0 全球陆地气温数据计算表明，1901～2017 年亚欧大陆近地面平均气温显著升高，达 1.14±0.04 摄氏度 /100 年；而且，近几十年这一变暖形势仍在加速：1951～2017 年亚欧大陆平均升温速率约为 1901～2017 年的两倍；1979～2017 年更是达约三倍（图 1–1）。1951 年至今，亚欧大陆几乎到处都呈现显著的升温；尤其是在 MR 大部、CEE 东部以及 CWA 北部（即中亚一带）以及 CNW，增温速率最大；MR 近北极的部分地区增暖速率甚至超过 0.5 摄氏度/10 年；CEE 西部和 CNE 北部增温速率次大；内陆干旱半干旱区变暖速率也接近 0.5 摄氏度/10 年；相对而言，热带的 BIM 和 SEA 区域增温速率较小。不同季节相比，春季气候变暖最为剧烈；1979 年以来亚欧大陆平均春季增温速率达 0.47 摄氏度/10 年（严中伟等，2019）。这也导致各地开春普遍提前，生长季显著延长（Xia *et al.*，2013）。

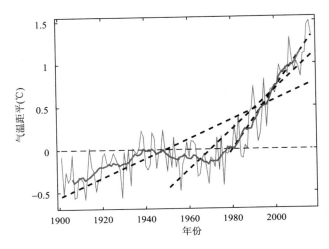

图 1-1 1901～2017 年亚欧大陆年均气温序列（细实）及其 11 年滑动平均曲线（粗实）和 1901～2017、1951～2017、1979～2017 年期间的线性趋势（虚斜线）

随着气候变暖，亚欧大陆暖日、暖夜及热浪事件普遍增多（Hartmann *et al.*，2013）。过去百年不遇的极端热浪事件，如 2013 年中国东部发生的超级持续性热浪，随着近百年全球变暖而成为现实（Xia *et al.*，2016）。中亚区域近百年来夏季热浪也显著增强增多，特别是近 50 年来夏季热浪频次增加约 1.6 倍（Yu *et al.*，2019）。大部分地区年极端最高温度呈升高走向，升高最显著的区域主要位于 CEE、CNW、MR 南部和东部以及 CWA 的中亚一带；除极个别地区外，暖日天数呈现显著增加；增加最显著的区域主要位于 CEE、CWA 中西部、CNW 和 CNE 西部以及 SEA 地区；MR、CNW 以及 CNE 东部地区暖日天数增加情况次之。年极端最低气温普遍呈变暖走向，最显著的区域主要集中在 MR、CWA 西部、TIB、CNW 以及 CNE 东部；冷夜天数则几乎到处显著减少，最显著的区域出现在 MR、CNW、TIB 等区。表 1-3 总结了"一带一路"沿线各气候—经济区的极端温度变化情况。

表 1–3 近几十年来"一带一路"沿线各区极端气温变化情况

气候—经济分区	年极端最高温度	暖日天数	年极端最低温度	冷夜天数
CEE	普遍增温	普遍增加	普遍增温	普遍减少
MR	东南部增温 西北部分降温	总体增加 部分不明	普遍增温	总体减少 个别不明
CWA	普遍增温	普遍增加	总体增温 部分不明	总体减少 东部不明
SEA	南部增温 北部降温	普遍增加	北部增温 南部降温	普遍减少
PAK	趋势不明	普遍增加	趋势不明	趋势不明
BIM	趋势不明	北部增加 南部不明	趋势不明	趋势不明
CNE	总体增温	总体增加	普遍增温	普遍减少
CNW	普遍增温	普遍增加	普遍增温	普遍减少
TIB	普遍增温	总体增加	普遍增温	总体减少

中高纬降水量增多、极端降水频率及强度增大。由于早年降水观测资料较少，问题较多，百年尺度的走向判断尚有难度。根据 IPCC（2013）评估报告，1901 年以来全球陆地降水没有显著的长期走向。亚欧大陆平均而言，近百年降水也缺乏显著的长期走向（图 1–2）。1951 年以来，观测资料相对较为丰富，亚欧大陆中高纬地区年降水量普遍呈现显著增加，特别是 CEE 和 MR 以及 CNW 的新疆一带降水普遍增多；BIM、SEA 以及 CNE 东南部总体上也呈现降水增多；但 CWA、PAK 以及 CNE 北部到 CNW 东部等地降水呈减少。

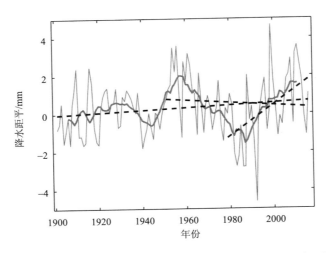

图 1-2 1901~2017 年亚欧大陆的年降水变化序列（细实）及其 11 年滑动平均曲线（粗实）
和 1901~2017、1951~2017、1979~2017 年的线性关系（虚斜线）

极端降水变化的分布总体上和气候变暖格局相似，但更为复杂；极端降
水变化趋势的统计显著性也低于气温变化。亚欧大陆范围内，极端降水强度
和频率显著增加的地区多于减少的地区；特别是，欧洲和地中海一带（除西
南欧）的极端降水增多区多于减少区（高信度）；亚洲（除东亚部分区域）情
况类似，但信度为中等（Hartmann *et al.*，2013）。CEE 和 MR 等高纬度地区
降水强度呈现显著增势；CNE 中部到南部地区降水强度也明显增加；但 CNE
东北部（中国东北）一带则有下降情况。从格点化的大雨日数资料来看，极
端降水频次同样在中高纬度大部分地区（CEE 和 MR 区域）呈现增加走向；
而 CNE（中国东部）则呈减少走向，这和近年来基于中国站点观测的分析结
果并不一致，反映了格点化极端降水指数的定义问题和改进潜力。

整体干化、区域干旱事件频率及强度增大。随着近百年全球气候变暖，
全球极端干旱区的面积已扩大一倍（Dai *et al.*，2004）；干旱、半干旱地区的
沙漠化面积也扩张了 10%~20%（Reynolds *et al.*，2007）。气候增暖引起的干
旱化主要位于北半球，包括 CEE 和 MR 在内的中高纬度地区，而降水减少引

起的干旱主要位于 SEA（东南亚）以及 CEE 南部（Dai，2013）。CEE 和 CWA
交界的西南亚—地中海沿岸地区干旱化也非常显著（Barlow *et al.*，2016）。
基于 scPDSI 指数的分析表明：近半个多世纪 CNE（尤其是北部地区）、CNW
东部、MR 中北部（西伯利亚北部）、CWA（尤其是伊朗高原、阿拉伯半岛、
中亚咸海附近）以及 CEE 南部一带干旱化明显；而 CEE 北部、TIB、PAK 以
及 CNW 西部（新疆）出现湿润化趋势，进一步印证了以往研究结果（Dai，
2011；　Greve *et al.*，2014；　Zhang and Zhou，2015；Schubert *et al.*，2016）。
从干旱持续时间的变化看，近几十年来 CNE 北部和西南部、CNW 东部（主
要包括中国北方和蒙古国）、MR 中北部（西伯利亚北部）、BIM 与 TIB 交界
区域、CWA 的阿拉伯半岛以及 CEE 南方干旱持续时间增加了 1～2 个月，而
CNW 西部及 CEE 中北部干旱持续时间有所减少。干旱事件的发生频次与持
续时间变化类似，但阿拉伯半岛干旱频次有所减少，而 MR 的西西伯利亚平
原东部到中西伯利亚高原区域干旱频次有所增加。

在全球极端高温（如热浪）事件频发的气候背景下（Johnson *et al.*，2018），
各地的骤发干旱事件也较为频繁（Mo and Lettenmaier，2016）。与传统意义上
的干旱事件比较而言，骤发干旱常常由极端高温激发，如热浪或降水减少造
成的温度增加，同时伴随地表土壤湿度低而蒸散发强的现象，因而极大地影
响农业（作物生长）和水利（供水调配）等行业。在中国，骤旱多发生在湿
润与半湿润地区，近年来呈现明显增加走向（Wang *et al.*，2016）。

三、未来百年气候变化趋势

增暖持续且更甚于全球平均、极热天气趋频：21 世纪内各种典型浓度路
径（Representative Concentration Pathways，RCPs）情景下亚欧大陆年均气温
都将一致变暖，即使是在近期（2017～2035 年）并且考虑多年代际气候变率
影响下也是如此（Qi *et al.*，2018）。MR 近北极地区变暖将最为剧烈（非常高

信度）。21 世纪后 20 年第五次国际耦合模式比较计划（Coupled Model Intercomparison Project Phase 5，CMIP5）多模式预估的 RCP2.6、RCP4.5 和 RCP8.5 情景下，CNW 区域丝路起始段至中亚五国东部天山廊道（长安—天山廊道的路网）附近区域平均气温将比 1986～2005 年的平均值分别高 1.16±0.29 摄氏度、2.41±0.54 摄氏度和 5.23±1.02 摄氏度（Dong et al.，2018）。虽然模式间预估的结果在量值上存在差异，但是变化的符号是高度一致的。

随着气候持续变暖，21 世纪末几乎可以确定亚欧大陆各地最冷夜晚、最热白天的气温都将显著升高，尤其是在较高纬度的 CEE 和 MR 北部区域；霜冻日数将减少；极端暖夜日数（一年中日最低气温大于 20 摄氏度的日数）将增多，在 CWA 的近地中海到中亚一带尤其显著。各地破纪录高温事件将越来越多；极端低温事件的频率将减少，但仍有可能发生；热浪将更频繁、持续时间更长。出现类似 2003 年 CEE（欧洲）热浪（Stott et al.，2004）、2010 年 MR（俄罗斯）热浪（Barriopedro et al.，2011）和 2013 年 CNE（中国东部）热浪（Sun et al.，2014）的概率将增大。很多地区现在 20 年一遇的高温事件到 21 世纪末可能变成 2 年一遇（Kharin et al.，2013）。最新研究还表明，全球平均升温相对于工业革命前增加 2 摄氏度比之 1.5 摄氏度的情景，可致亚欧大陆核心区的中亚（CWA 北部）一带多升温 0.73 摄氏度，极端热浪天数多增加 4.2 天/年（Zhou et al.，2018）。

降水有所增多、极端降水趋频：未来变暖背景下，除地中海沿岸地区外，亚欧大陆年降水将普遍有所增多，但量值上存在很大的区域差异。RCP8.5 情景下，21 世纪末 CEE 和 MR 高纬地区总降水增加更多，因为这些高纬度区域对流层变得更暖，大气相对湿度增加，而且从热带输送来的水汽也会增多。全球平均升温相对于工业革命前增加 2 摄氏度比之 1.5 摄氏度的情景，可致 CWA 北部（中亚）一带年降水多增加 2.7%（Zhou et al.，2018）。

除了降水量变化之外，降水事件的分布也将发生变化。与 Clausius–

Clapeyron 理论推断相符，随着气温升高，大气水汽含量和对流不稳定性增大，导致亚欧大陆（除地中海沿岸少数地区之外）极端降水日数和单次极端降水事件强度增大，BIM 和 SEA（印度和中南半岛季风区）的变化尤其突出（IPCC 2013；Sillmann *et al.*，2013）。

干旱风险进一步增大：随着全球气候进一步变暖，很多地区的干旱强度和频率都将增大（Dai，2011；2013），包括 CEE 和 MR 在内的北半球中高纬度地区虽然降水增加，但由于气温升高导致土壤反而变干。现有情景模拟还表明，从 20 世纪中期到 21 世纪末土壤湿度极低区域的面积将倍增，中期干旱（持续 4～6 月的干旱事件）的频率将翻倍，长期干旱的频率则将三倍于现状，特别是 CEE 和 CWA 交界的地中海以及 CWA 北部中亚一带长期干旱的发生频率将大增。干旱增加的主因不仅在于降水减少，还在于伴随增温引起的蒸发增强引致干旱化效应（Sheffield and Wood，2008）。基于情景模拟结果的干旱指数分析表明，自 20 世纪末至 21 世纪中后期，CEE 南部（南欧）、CWA 中东部以及 SEA 将呈现较强的干旱化倾向，CEE 和 CWA 交界的地中海区域的干旱化与降水减少有关，SEA 的干旱化则主要由蒸发增强造成（Dai，2011）。基于径流资料的水文干旱研究也显示，21 世纪 CEE 南部（南欧）的干旱状况将更加严峻；CEE 中西部（中欧和西欧）干旱化的可能性也将增大；CEE 北部（北欧）则可能向湿润化演变。造成上述区域水文干旱化走向不一的原因不仅在于未来气候变化的影响，也与当地水资源消耗程度有关（Forzieri *et al.*，2014）。

一个不太确定的情景是：多模式模拟的干旱指数分析显示，CWA 中亚部分以及 CNE（东亚）将可能湿润化（Dai，2013）。由于当前的气候模式不能很好地模拟一些区域尺度的气候因子（如东亚季风区的降水）、云和气溶胶的气候效应、陆面水文以及其他相关区域性过程，使得亚欧大陆各地干湿变化的预估结果仍存较大的不确定性。然而，对于模拟中呈现的未来出现干旱化倾向的区域应予以足够的重视，因为到 2010 年为止观测体现的全球干旱变化的大尺度格局与已有的模式预测结果相当一致（Dai，2013）。

近百年来亚欧大陆气候普遍显著变暖，古丝绸之路所在的内陆干旱半干旱区变暖尤甚；特别是 20 世纪 50 年代以来，极端热（冷）天普遍增多（减少）。未来全球变暖情景下亚欧大陆总体将继续显著变暖的趋势，极端热浪将继续增多。近百年来亚欧大陆总体降水的长期趋势不明显；但 20 世纪 50 年代以来中高纬降水普遍增多；极端降水强度增强，中高纬尤甚；同期很多地区干旱化趋势增强。未来全球变暖情景下亚欧大陆降水量和极端降水事件总体趋多，旱涝灾害的风险将进一步加剧。

第三节　气候变化的风险评估

一、气候变化风险类型

气候变化风险自上世纪末以来受到很大关注。国际综合风险防范理事会（International Risk Governance Council，IRGC）将气候变化列为全球范围内 13 个研究领域之一。IPCC 第五次评估报告将"风险"列为最核心的关键词之一，并提出它是造成人类事物（包括人类本身）处于危境且结果不明等后果的可能性，引致这些后果的可能性通常表述为危险性事件和趋势发生概率乘以这些事件和趋势（IPCC，2014）。IPCC 第五次评估报告第二工作组和《管理极端事件和灾害风险促进气候变化适应特别报告》在对气候变化风险形成机理的理解上，认为风险是气候相关危害（极端事件和变化趋势）、承险体暴露度与脆弱性三者的相互作用结果，且存在三者间纯粹的两两相交领域（IPCC，2012；2014）。而在联合国粮农组织（Food and Agriculture Organization of the United Nations，FAO）2016 年的报告中，采用气候的状况、变率和季节变化来表示系统受到的冲击，加上系统易损性构成风险（FAO，2016）。吴绍洪等（2018a）认为气候变化风险构成包括两个维度（即致险因子和承险体）、三个方面（即可能性、脆弱性和暴露度）。鉴于气候变化风险内涵的综合性特征，大多数研究均从致险因子与承险体的角度出发，但由于研究目的或研究方案不尽相同，对于风险构成并未达成统一认识（吴绍洪等，2011）。

沿线地区的气候变化风险类型主要包括干旱、高温热浪、洪涝、粮食减产、物种多样性衰减以及农业生态系统退化等（Dai，2013；Hirabayashi *et al.*，2013；Tim and Joachim，2013；Rosenzweig *et al.*，2014；Urban，2015；Mitchell *et al.*，2016）。具体来看，在 SEA，气候变化风险以洪涝、干旱、山体滑坡等灾害为主；在 CEE，以洪涝、大风、风暴潮、高温热浪、林火为主，部分地区存在严重干旱、物种多样性衰减；在 CWA，以干旱、雪崩、洪涝、山体滑坡为主；在 MR，以洪涝、风暴、滑坡、热浪以及干旱为主；在 CNE，以洪涝、高温热浪、粮食减产等为主；在 CNW，以高温热浪、干旱为主。

二、气候变化的影响与脆弱性

气候变化风险评估是对气候变化影响进行评估，也是应对气候变化的必备步骤和准备阶段，这其中对影响程度与脆弱性的研究是风险评估的基础（Prudhomme *et al.*，2010）。目前气候变化影响评估研究主要集中在农业、水资源、自然生态系统等领域（Wu *et al.*，2010；Jiang *et al.*，2017），学者利用统计模型、经验模型和机理模型来研究和分析气候变化对农业、生态系统等领域的影响，其中气候变化对农业的影响评估由于起步较早，研究比较深入。气候变化影响研究通常采取两类方法，一类是控制实验模拟或定位观测实验方法。近年来，各种实验模拟装置和技术得到迅速发展，包括移地实验（Transposing of Surface Soil with Vegetation，TSSV）和多因子控制实验等。另一类是模型模拟方法，包括：生物地球化学模型（Giltrap *et al.*，2010）、生物地理模型、动态植被模型、农业作物模型等（Jones *et al.*，2003）。构建脆弱性曲线也是定量评估气候变化风险的核心内容，目前的构建方法主要基于历史灾情数据、已有脆弱性曲线的修正、系统调查和模式模拟等。脆弱性曲线具有一定的不确定性，随着历史文献的整理、灾害统计数据的完善、问卷访谈和灾害保险工作的深入，脆弱性曲线的区域性参数化修正和针对性将有所增强；随着致险因子强度和承险体脆弱性对应关系系统调查的深入，以及基于作物生产模型、生态系统模型等模拟水平的不断提高，脆弱性曲线的不确定性将逐渐减小。

根据气候—经济区划分，下面将具体论述各个区域气候变化影响与脆弱性研究进展。在此需说明的是，在"一带一路"沿线地区中，PAK 对于气候变化影响与脆弱性研究相对较少，没有显著结论，在此不作评述；SEA 和 BIM 研究多有交叉，将两区合并进行评估；CNE 和 CNW 研究较为普遍，且在主报告中已有涉及，此处不作赘述。

（一）中亚西亚干旱区（CWA）

近年来，中亚地区正经历显著的暖干化，对水资源的需求增大（Immerzeel *et al.*，2010）。土库曼斯坦西部和乌兹别克斯坦常年干旱，不仅导致对灌溉的需求增加，且严重影响棉花生产，并将加剧水资源危机和盐碱荒漠化（Pollner *et al.*，2010）。在气候变化对生态系统影响方面，研究了中亚地区植被动态变化及其与气候因子的相关性（殷刚等，2017），发现中亚地区 80% 的植被生长对降雨量较敏感，且存在滞后效应（Gessner *et al.*，2013），并分析了影响因子的区域差异；其次，还讨论了人类活动对植被动态的影响（Jiang *et al.*，2017），这为中亚干旱区生态系统变化和中亚地区碳循环的估算提供了科学依据。此外，赵艳等（2017）研究发现全新世气候渐变导致植被的突变，同时说明未来气候变化一旦达到阈值干旱生态系统将发生突变。

随着气候变化，以及人口增长，工业、农业和畜牧业的迅速扩张，生物栖息地受到严重威胁。多因素综合作用导致了中亚国家生态环境与经济社会面临气候变化风险的重大威胁，特别是在农业、畜牧业和林业等重点领域，气候变化的不利影响日益凸显（Reyer et al.，2017）。

（二）东南亚温暖湿润区（SEA）和孟印缅温暖湿润区（BIM）

在全球尺度上，东南亚、南亚地区渔业和农业对气候变化的威胁高度敏感，气候变化加剧了该区生物多样性的丧失；在区域尺度上，人类活动影响较为显著。Dasgupta 等（2013）研究了东南亚地区人类干扰和气候变化对红树林生态系统的累积效应，结果发现在区域尺度上印度—马来红树林 90%的毁坏是由于沿海农业用地和养虾业的发展；同时指出在保护和恢复方案中，法律措施的执法力度低且监控不当被认为是主要的缺陷（Salik et al.，2016）。聚焦于巴基斯坦、孟加拉国和斯里兰卡等南亚国家，沿海地区经济社会响应气候变化的脆弱性研究表明，渔业和农业部门对气候变化的威胁高度敏感；而且，由于消费模式落后、收入多元化低且受教育程度低，南亚地区缺乏气候变化适应能力（Waheed et al.，2015）。在区域尺度上，东南亚海洋生态系统恢复能力的丧失主要归咎于人类活动；而在全球尺度上，气候变化加剧了生物多样性的丧失，进一步损坏已受损的生态系统恢复能力，同时也指出健康且恢复力强的生态系统是应对气候变化和自然灾害影响的最优选择（Chou，2014）。

由于拥有大量地方性物种，整个东南亚地区几乎都是生物多样性的热点区域（Myers et al.，2000；Sodhi et al.，2010）。然而，在气候变化背景下，伴随着高强度的资源开发与人口持续增加，东南亚海洋渔业和自然资源面临巨大压力，海洋生态环境受到威胁（Savage, et al.，2020）。在未来 50 年内，东南亚大多数两栖和爬行动物在适应气候变化方面将达到或超过极限，而气候变化与森林砍伐的协同效应可能会对这些动物造成毁灭性影响（Bickford et al.，2010）。全球气候变化可能会导致东南亚雨林边缘的局部干旱，同时使得印度季风和厄尔尼诺/拉尼娜循环中断而导致降雨大范围变化，增加区域火灾风险并造成水资源短缺（Sodhi et al.，2010）。气候变化对东南亚沿海地区最显著的影响之一是海平面上升（Sea Level Rise，SLR）。东南亚是全球受气候变化影响导致海平面上升最快的地区之一，预计在 2040 年海平面将上升 30 厘米（ IPCC，2014 ）。海平面的上升会加速东南亚海岸线（尤其是脆弱地区）的侵蚀，使得海岸带环境受到严重影响（Zhang *et al.*，2020）。例如 1978～2015 年，印度东南沿海低洼地区 83% 的海岸线受到侵蚀，海平面上升造成大量沿海村庄永久性淹没，包括农业用地、湿地、水产养殖用地和林地等（Jayanthi *et al.*，2018）。其他区域例如泰国湾海岸带，由于整体海拔较低，相对升高的海平面致使沿海低地灾害性的风暴潮等自然灾害频繁发生（周磊，2018）。海平面上升最直接的影响是可利用土地减少，例如耕地面积减少将直接导致东南亚地区粮食产量显著下降，结合高温对人类健康的影响，使得该区域（特别是以农业为主的国家）人口陷入失业、贫困与生存能力下降的境况中，增加社会不稳定因素（王志芳，2015；IPCC，2014）。气候变化对东南亚地区水资源也有重要影响，表现在区域蒸发比率随温度上升而上升，不规则的降水格局与河流径流量影响区域储存、发电和灌溉水量，暴雨年过多的径流造成了严重的河岸侵蚀和水库流沙沉积，减少了水库容量，同时海平面上升会导致海水倒灌，入侵沿海淡水资源和地下水资源，加剧了区域内的水资源短缺风险（皮军，2010）。

（三）蒙俄寒冷干旱区（MR）

本区研究多聚焦于气候变化对生态系统、物种多样性以及农业生产等方面的研究，人类活动和气候变化的共同作用加剧了影响程度。Bao 等（2016）研究了近 30 年植被动态变异及其对气候变化的响应，结果表明不同生物群落植被存在显著变异，而且气候相关的植被减少和潜在的沙漠化可能是蒙古国地区群落生态压力的主要来源，可能会加剧东亚地区类似沙尘暴的环境问题。在蒙古国、俄罗斯等地区，不同森林生态系统对全球气候变化和经济活动响应的比较结果表明，社会经济问题和气候变化对生态系统具有显著影响

（Puntsukova，2015）。在全球尺度上，研究了气候变化与土地利用/覆被变化（Land Use and Cover Change，LUCC）对鸟类和陆生哺乳动物多样性的影响，结果发现气候变化与 LUCC 共同作用会加剧 MR 物种多样性的衰减（Mantyka *et al.*，2015）。

（四）中东欧寒冷湿润区（CEE）

基于径流资料的水文干旱研究显示，未来气候变化对 CEE 的影响存在区域差异。CEE 南部的干旱状况将更加严峻，中西部干旱化的可能性也将增大，北部则可能向湿润化演变（Forzieri *et al.*，2014）。20 世纪 80 年代，受到北大西洋涛动指数大幅增加的影响，黑海的上层水柱明显降温；前半期冬季平均海温显著降低了 1.5 摄氏度，近几年黑海的水表面温度迅速升高。此外，20 世纪中叶后黑海遭受气候变暖的不利影响使得表层营养水平降低，随之而来浮游植物的丰富度下降（Philippart *et al.*，2011）。

Slowinska 等（2013）基于长期定位试验，发现不同的泥炭藓增量和季节性变化存在显著差异，而且波兰北部的泥炭藓生态系统对短时高温热浪具有较高的敏感性。也有研究历史文献资料系统回顾了过去 60～8 000 千年 CEE 地区的气候变异及其植被响应，发现在距今 11.7～14.7 千年间冬季冷却间隔强烈，且与西欧相比中东欧地区植被受到气候变化的影响较小（Feurdean *et al.*，2014）。在中、北欧经济并不主要依赖农业的国家的大部分地区，气候变化对具备害虫防治服务的脊椎动物产生有利影响（物种丰富度呈现上升趋势）（Civantos *et al.*，2012）。

（五）中国东部季风区（CNE）和中国西北干旱区（CNW）

CNE 接近 90%的区域水资源处于中度脆弱及以上状态，其中水资源极端脆弱区域接近 15%，中国北方海河、黄河、淮河和辽河流域的水资源脆弱性最高（夏军等，2015）。西北干旱地区春小麦和春玉米生育期干旱强度以增加趋势为主；夏玉米干旱强度在陕西北部、宁夏和河西走廊主要呈增加趋势（何斌等，2017）。未来气候变化影响下，预计中国因高温热浪导致的死亡人数将达到万人以上，其中中国东部、北部以及中部区域死亡率最高（Li *et al.*，2018）。提升人类对高温的适应能力可降低过高的死亡率，但目前适应程度仍不清楚。

（六）青藏高原区（TIB）

赵雪雁等（2016）研究了近 50 年气候变化对青藏高原区牧草生产潜力和物候期的影响，牧草生产潜力呈现增加趋势，牧草返青期、抽穗期及开花期均呈提前趋势，而黄枯期呈现推迟趋势，延长了牧草物候期。青藏高原地区多年冻土活动层厚度受气候变化影响，呈现整体增大趋势，且其增厚趋势与年均温上升趋势基本一致（徐晓明等，2017）。湖泊作为青藏高原地区气候变化敏感的指示器，随气候变化平均湖水温度以 0.012 摄氏度/年的变化率呈现上升趋势（Zhang *et al.*，2014）。

三、气候变化的风险评估

风险评估作为应对（尤其是适应）气候变化的前置过程（Wilby *et al.*，2012），随着近年计算机数值模型、大数据分析方法、3S（Remote Sensing，RS；Geography Information Systems，GIS；Global Positioning Systems，GPS）技术的迅速发展，全球及不同国家和区域的多层次、多尺度的气候变化风险定量评估成果不断涌现（HM Government，2012；Kromp—Kolb *et al.*，2014；Melillo *et al.*，2014；《第三次气候变化国家评估报告》编写委员会，2015）。在气候变化风险领域，我国科学家提出了"综合风险防范（Integrated Risk Governance）科学研究计划"，强调全球变化与环境风险关系的研究，重点关注社会—生态系统脆弱性评价，以及综合风险防御范式的研究。2010 年 9 月，在德国波恩国际全球环境变化人文因素计划（International Human

Dimensions Programme on Global Environmental Change，IHDP）科学委员会大会上，该科学计划被正式列为 IHDP 的核心科学项目，并进入了为期 10 年的实施阶段，这标志着我国综合风险研究水平得到了国际学术界的认可。

在气候变化风险研究上，多从致险因子或承险体单要素为主导开展评估，如气候变化背景下的干旱、洪涝、热浪等社会经济损失定量评估（Aghakouchak *et al.*，2014；Gordon，2014；Alfieri *et al.*，2016），面向农业与生态安全的气候变化风险评估（Rosenzweig *et al.*，2014）。其中，风险评价的方法主要包括三类，一类是基于风险因子的风险评价，主要是从造成风险的各种风险因子入手，进行评估建模，多用于防灾减灾领域（张继权等，2007）；第二类是基于风险机理的评价方法，通过模拟再现作物生长过程及风险发生过程来进行相关评价；第三类是基于风险损失的风险评价，主要用数理统计方法对风险的结果进行分析（王克和张峭，2013）。

（一）综合气候变化风险研究

吴绍洪等（2018b）针对"一带一路"沿线国家和地区，分别从突发性事件和渐变性事件两个角度定量评估气候变化风险，结合模型模拟、情景预估等技术手段，预估未来 30 年高温热浪、干旱和洪涝等突发性极端事件的灾害风险，以趋势—基线对比方法预估宏观生态系统、农业生产等渐变事件的风险；结果发现沿线地区未来（2021～2050 年）高温热浪高危险区主要分布在中国东部季风区南部、中国西北干旱区西部、中亚西亚干旱区北部、东南亚温暖湿润区等地区；中危险区主要分布在中国东部季风区西部、中亚西亚干旱区中部、孟印缅温暖湿润区东部、巴基斯坦干旱区西部等地。未来沿线地区陆域净初级生产力（Net Primary Productivity，NPP）以增加为主，粮食产量呈现"南减北增"的格局。具体来说，生态风险较高区域主要集中在中东欧寒冷湿润区中南部、中亚西亚干旱区中部、孟印缅温暖湿润区东部等地区。这些区域的生态系统以荒漠和草地为主，生态环境脆弱，受气候变化的影响最为显著。

（二）基于气候—经济分区的气候变化风险研究

在此需说明，在沿线地区中，巴基斯坦干旱区对于气候变化风险研究相对较少，无确定结论，在此不作评述。

中东欧寒冷湿润区（CEE）和中亚西亚干旱区（CWA）：基于径流资料的水文干旱研究结果表明，CEE 南部未来气候变化带来的干旱风险更加严峻，中西部（中欧和西欧）干旱化的可能性也将增大（Forzieri *et al.*，2014）。在欧洲地区波兰的风暴发生次数明显高于其他国家，主要原因是波兰北部紧邻波罗的海，波罗的海位于温带海洋性气候向大陆性气候的过渡区，全年以西风为主，秋冬季常出现风暴（Cerkowniak *et al.*，2015）。在 CWA，借助生物经济农产模型研究了气候变化对农业生态系统的影响，结果发现不同农业生态系统所受的影响差异较大，且用水减少会增加生态风险（Bobojonov and Awhassan，2014）。在《欧洲和中亚地区气候变化适应：灾害风险管理》报告（Pollner *et al.*，2010）中提到，近年来全球变化风险突出，温升和降水减少导致干旱和热浪的频率和严重程度增加；海表增温导致飓风增加，引发洪涝；严重干旱导致森林火灾增加；风力、降雨的增加，带来严重的洪水和山体滑坡。在中东欧地区气候增暖也导致物种多样性以 6% 的速率加速灭绝（Arnell *et al.*，2016）。

在气候变化风险管理方面，世界银行《欧洲和中亚地区的气候变化适应：灾害风险管理》（Jolanta *et al.*，2008）探究了未来气候变化对极端天气事件的影响以及灾害对人口影响的敏感性，并在金融和财政政策、灾害风险管理和应急预案以及管理领域，提出各种措施和方法来降低现在和未来的脆弱性。在灾害风险管理方面提出以下几个建议：（1）发展和加强灾害风险管理体系的制度化和立法；（2）地方和国家各级政府部门要在降低风险、应对突发事件上明确角色和责任；（3）风险评估对决策者部署风险减缓投资优先次序非常重要，特定的灾害投资可降低水文地质灾害风险并提高适应能力；（4）增强应对突发事件的技术能力；（5）发展信贷市场，加强机构建设。

东南亚温暖湿润区（SEA）：《东南亚地区气候变化经济学》报告综述了东南亚地区主要的气候变化风险，包括洪涝、山体滑坡、干旱、林火等（Bank，2015）。未来气候变化将导致东南亚地区热浪频率增加、干旱程度增大、强降雨增加、热带台风风速上升，洪涝和滑坡风险加剧（Banholzer et al.，2014；Tim and Joachim，2013），进而导致粮食减产（Hirabayashi et al.，2013）。世界银行（World Bank，2012）对南亚地区的洪水、气旋、地震、干旱、滑坡进行了灾害评估及其驱动力分析，并建立灾害管理框架、展示案例研究。

在气候变化风险管理方面，汉库克（Hancock，2014）批判性地分析了南亚国家的自然灾害风险管理策略、突发事件应急预案和响应对策，总结了应对灾害风险管理的全面系统方式，包括改善对公共安全和经济福祉至关重要的区域和全球合作。最关键的结论之一，私营企业在投资基础设施和发展项目时应将灾害风险管理考虑在内。通过综述菲律宾、印尼、泰国、老挝等东南亚国家水文灾害等气候变化风险及其经验教训（Shuichi et al.，2016）、梳理现存风险管理体系，发现国家参与制订灾害风险降低和减缓政策和措施，对于减少人员和经济损失是非常重要的（Shrestha et al.，2015），应增强政府提供水文气象服务和灾害管理的能力（World Bank，2017）；而且考虑到妇女面临灾害的弱势，倡议建立性别化的灾害风险管理框架，社会性别主流化是有效降低灾害风险和积极应对灾后恢复的关键（Margareth，2016）。

青藏高原区（TIB）和中国西北干旱区（CNW）：青藏高原地区的降水主要来自印度洋的西南季风，湿润季节为 5～9 月，80% 以上的降水量集中在 5～9 月，干旱季节为 10 月至来年 4 月，因此青藏高原经常会发生大面积干旱。近年来，受全球气候暖化影响，青藏高原地区干旱日趋严重，给地方经济发展和脆弱的生态系统带来严重危害（高懋芳和邱建军，2011）。在近半个世纪（1966～2016），咸海流域和中国河西走廊地区呈现持续干燥状况（Guo et al.，

2018）；一方面，气候变化和人类活动加剧导致干旱频发且有增加趋势，另一方面，人口不断增长和对水资源的过度依赖使得该区对干旱的抗灾能力不足，干旱影响及损失巨大。

蒙俄地区（MR）：蒙古国中部地区农业生产的气候变化风险研究发现，气候变化影响下干旱少雨和白灾发生率增加，森林草原火灾加剧，水资源匮乏，农业生产效率降低并影响草原畜牧业健康发展，对国家、经济、社会和社区生活带来一定程度的冲击和影响（那日玛，2012）。

中国东部季风区（CNE）：中国东部季风区气候变化风险以洪涝、风暴潮为主（程正泉等，2013；王康发生，2010）。初步统计结果表明，中国东部季风区洪涝灾害比较严重的区域为：（1）东南洪水灾害区，包括广西、广东、福建等省，频繁遭受暴雨和风暴潮引起的洪水袭击；（2）长江中游洪水灾害区，包括江西、湖北等，洪水主要由汛期暴雨形成；（3）西南洪水灾害区，包括贵州、四川、云南与重庆，由暴雨形成的洪涝及引发的山洪泥石流影响较大（刘建芬等，2004）。作为我国沿海风暴潮脆弱区之一的珠江口，海平面上升和台风强度增大均对其近岸波高有促进作用，两者共同作用对珠江口沿岸区域人类生命财产安全产生巨大威胁，应采取相应防范措施（谢洋，2015）。

总体而言，"一带一路"沿线陆域环境变化显著，未来灾害风险突出。其中，青藏高原两侧区域为高温热浪高风险区；中东欧寒冷湿润区东部为干旱高风险区；孟印缅温暖湿润区和中国东部季风区为洪涝高风险区；荒漠边缘区域为生态脆弱高风险区；中低纬区域为粮食减产高风险区。但是，针对"一带一路"沿线区域气候变化影响、风险的研究还相对较少，仅在一些全球尺度或较大区域分析中有提及（Donat *et al.*，2013；Cardona *et al.*，2014），较小区域地理环境的影响和风险评估方法与模型仍有待建立；应对气候变化技术的科学基础仍较薄弱，包括技术的表达方式、选择的理论依据以及适用性效果分析，尤其在应对技术的成本—效益分析方面十分有限。

从宏观指导层面来看，未来"一带一路"建设应加强中央协调机制和地方能力建设，迅速部署并实施灾害管理工作，开发更好的灾损评估手段，启动私人风险转移机制，管理灾害的基准进展。从具体操作层面来说，应在热浪、干旱和洪涝等极端事件危险性评估的基础上，强化不同领域和行业的脆弱性评估，加强灾害预测和早期预警系统的建设，建立针对高危区的预警体系，构建有效的应对极端事件的技术体系。

参考文献

程正泉、陈联寿、李英："大陆高压对强热带风暴碧利斯内陆强降水影响"，《应用气象学报》，2013 年。

第三次气候变化国家评估报告编写委员会：《第三次气候变化国家评估报告》，科学出版社，2015 年。

丁一汇：《中国气候》，科学出版社，2013 年。

高懋芳、邱建军："青藏高原主要自然灾害特点及分布规律研究"，《干旱区资源与环境》，2011 年。

韩翠华、郝志新、郑景云："1951～2010 年中国气温变化分区及其区域特征"，《地理科学进展》，2013 年。

何斌、刘志娟、杨晓光、孙爽："气候变化背景下中国主要作物农业气象灾害时空分布特征（Ⅱ）：西北主要粮食作物干旱"，《中国农业气象》，2017 年。

姜会飞、郑大玮：《世界农业与气候》，气象出版社，2008 年。

刘建芬、张行南、唐增文、耿庆斋："中国洪水灾害危险程度空间分布研究"，《河海大学学报》，2004 年。

那日玛："蒙古国中部地区农业生产自然风险与防范问题研究"（博士论文），内蒙古农业大学，2012 年。

皮军："气候变化对东南亚经济的影响"，《南洋问题研究》，2010 年。

荣新江：《丝绸之路与东西文化交流》，北京大学出版社，2015 年。

盛承禹：《世界气候》，气象出版社，1988 年。

王康发生："海平面上升背景下中国沿海台风风暴潮脆弱性评估"（硕士论文），上海师范大学，2010 年。

王克、张峭："基于数据融合的农作物生产风险评估新方法"，《中国农业科学》，2013

年。

王志芳："中国建设'一带一路'面临的气候安全风险",《国际政治研究》,2015年。

吴绍洪、高江波、邓浩宇、刘路路、潘韬:气候变化风险及其定量评估方法,《地理科学进展》,2018a。

吴绍洪、刘路路、刘燕华、高江波、戴尔阜、冯爱青、王文涛:"'一带一路'陆域地理格局与环境变化风险",《地理学报》,2018b。

吴绍洪、潘韬、贺山峰:"气候变化风险研究的初步探讨",《气候变化研究进展》,2011年。

伍光和、王乃昂、胡双熙等,《自然地理学》(第四版),高等教育出版社,2008年。

夏军、雒新萍、曹建廷、陈俊旭、宁理科、洪思:"气候变化对中国东部季风区水资源脆弱性的影响评价",《气候变化研究进展》,2015年。

谢洋:"海平面上升对珠江口风暴潮增水和波浪的影响研究"(硕士论文),东南大学,2015。

徐晓明、吴青柏、张中琼:"青藏高原多年冻土活动层厚度对气候变化的响应,《冰川冻土》,2017年。

严中伟、钱诚、罗毅、冯锦明、华丽娟、范丽军、李珍、王君、于爽:第六章 气候特征与变化趋势,《共建绿色丝绸之路—资源环境基础与社会经济背景》刘卫东主编,商务印书馆,2019年。

杨涛、郭琦、肖天贵:"'一带一路'沿线自然灾害分布特征研究",《中国安全生产科学技术》,2016年。

殷刚、孟现勇、王浩、胡增运、孙志群:"1982~2012年中亚地区植被时空变化特征及其与气候变化的相关分析",《生态学报》,2017年。

张继权、张会、冈田宪夫:"综合城市灾害风险管理:创新的途径和新世纪的挑战",《人文地理》,2007年。

张井勇、庄园煌、李超凡等:《"一带一路"主要地区气候变化与极端事件时空特征研究》,气象出版社,2018年。

赵雪雁、万文玉、王伟军:"近50年气候变化对青藏高原牧草生产潜力及物候期的影响",《中国生态农业学报》,2016年。

赵艳、刘耀亮、郭正堂、方克艳、李泉、曹现勇:"全新世气候渐变导致中亚地区植被突变",《中国科学:地球科学》,2017年。

郑景云、卜娟娟、葛全胜、郝志新、尹云鹤、廖要明:"1981~2010年中国气候区划",《科学通报》,2013年。

郑景云、卜娟娟、葛全胜、尹云鹤:"中国1951~1980年及1981~2010年的气候区划",《地理研究》,2013年。

郑景云、邵雪梅、郝志新、葛全胜："过去 2000 年中国气候变化研究",《地理研究》,
　　2010 年。

郑景云、尹云鹤、李炳元："中国气候区划新方案",《地理学报》,2010 年。

周磊:"泰国湾海岸变迁遥感监测与海岸带脆弱性评价"(硕士论文),内蒙古师范大学,
　　2018 年。

周淑贞:《气候学与气象学》,高等教育出版社,1997 年。

Aghakouchak, A., L. Y. Cheng And O. Mazdiyasni, *et al*., 2014. Global Warming and Changes in Risk of Concurrent Climate Extremes: Insights from the 2014 California Drought. *Geophysical Research Letters*, Vol. 41, No. 24.

Alfieri, L., L. Feyen and G. Di Baldassarre, 2016. Increasing Flood Risk Under Climate Change: A Pan-European Assessment of The Benefits of Four Adaptation Strategies. *Climatic Change*, Vol. 136, No. 3～4.

Arnell, N. W., S. N. Gosling, 2016. The Impacts of Climate Change on River Flow Regimes at The Global Scale. *Climatic Change*, Vol. 134, No. 3.

Banholzer, S., J. Kossin and S. Donner, 2014. The Impact of Climate Change on Natural Disasters. *In: Reducing Disaster: Early Warning Systems for Climate Change*. Springer, Dordrecht.

Bank, A. D., 2015. The Economics of Climate Change in Southeast Asia: a Regional Review. *Environmental Policy Collection*, Vol. 71, No. 1.

Bao, G., Y. Bao and A. Sanjjava, *et al*., 2016. NDVI-Indicated Long-Term Vegetation Dynamics in Mongolia and Their Response To Climate Change At Biome Scale. *International Journal of Climatology*, Vol. 35, No. 14.

Barlow, M., B. Zaitchik and S. Paz, *et al*., 2016. A Review of Drought in The Middle East and Southwest Asia. *Journal of Climate*, Vol. 29.

Barriopedro, D., E. M. Fischer and J. Luterbacher, *et al*., 2011. The Hot Summer of 2010: Redrawing the Temperature Record Map of Europe. *Science*, Vol. 332.

Beck, H. E., N. E. Zimmermann and T. R. McVicar *et al*., 2018. Present and Future Köppen-Geiger Climate Classification Maps at 1-km Resolution. *Scientific Data*, Vol. 5.

Bickford, D., Howard, S. D., Ng, D. J. J. and Sheridan, J. A., 2010. Impacts of Climate Change on the Amphibians and Reptiles of Southeast Asia. *Biodivers. Conserv.* Vol. 19.

Bobojonov, I., A. Awhassan, 2014. Impacts of Climate Change on Farm Income Security in Central Asia: An Integrated Modeling Approach. *Agriculture Ecosystems & Environment*, Vol. 188.

Cardona, O. D, M. G. Ordaz and M. G. Moram *et al*., 2014. Global Risk Assessment: A Fully

Probabilistic Seismic and Tropical Cyclone Wind Risk Assessment. *International Journal of Disaster Risk Reduction*, Vol. 10.

Cerkowniak, G. R. R., 2015. Ostrowski and P. Szmytkiewicz 2015. Climate Change Related Increase of Storminess Near Hel Peninsula, Gulf of GdaŃsk, Poland. *Journal of Water and Climate Change*, Vol. 6, No. 2.

Cerkowniak, G., R. R. Ostrowski and M. Stella, 2015. Wave-Induced Sediment Motion Beyond the Surf Zone: Case Study of Lubiatowo (Poland). *Archives of Hydro-Engineering and Environmental Mechanics*, Vol. 62, No. 1~2.

Chou, L. M., 2014. *Sustainable Development of Southeast Asia's Marine Ecosystem-Climate Change Challenges and Management Approaches.* International Conference on Marine Science & Aquaculture.

Civantos, E., W. Thuiller and L. Maiorano, *et al.*, 2012. Potential Impacts of Climate Change on Ecosystem Services in Europe: The Case of Pest Control by Vertebrates. *Bioscience*, Vol. 62, No. 7.

Dai, A., 2011. Drought Under Global Warming: A Review. *Wires Climatic Change*, Vol. 2.

Dai, A., 2013. Increasing Drought Under Global Warming in Observations and Models. *Nature Climate Change*, Vol. 3.

Dai, A., 2013. Increasing Drought Under Global Warming in Observations and Models. *Nature Climate Change*, Vol. 3, No. 1.

Dai, A., K. E. Trenberth and T. Qian, 2004: A Global Dataset of Palmer Drought Severity Index For 1870~2002: Relationship with Soil Moisture and Effects of Surface Warming. *Journal of Climate*, Vol. 5.

Dasgupta, R., R. Shaw, 2013. Cumulative Impacts of Human Interventions and Climate Change on Mangrove Ecosystems of South and Southeast Asia: An Overview. *Journal of Ecosystems*.

Donat, M. G., L. V. Alexander and H. Yang, *et al.*, 2013. Updated Analyses of Temperature and Precipitation Extreme Indices Since the Beginning of The Twentieth Century: The HadEX2 Dataset. *Journal of Geophysical Research: Atmospheres*, Vol. 118, No. 5.

Dong, T. Y., W. J. Dong and Y. Guo, *et al.*, 2018. Future Temperature Changes Over the Critical Belt and Road Region Based on CMIP5 Models. *Advances in Climate Change Research*, Vol. 9.

FAO., 2016. Climate Change and Food Security: Risks and Responses. Rome, Italy: FAO.

Feurdean, A., A. Perşoiu and I. Tanţău *et al.*, 2014. Climate Variability and Associated Vegetation Response Throughout Central and Eastern Europe（CEE）Between 60 And 8ka. *Quaternary Science Reviews*, Vol. 106.

Forzieri, G., L. Feyen and R. Rojas, *et al.*, 2014. Ensemble Projections of Future Streamflow Droughts in Europe, Hydrol. *Earth System Science Data*, Vol. 18.

Forzieri, G., L. Feyen and R. Rojas, *et al.*, 2014. Ensemble Projections of Future Streamflow Droughts in Europe. *Hydrology and Earth System Sciences*, Vol. 18, No. 1.

Gessner, U., V. Naeimi and I. Klein, *et al.*, 2013. The Relationship Between Precipitation Anomalies and Satellite-Derived Vegetation Activity in Central Asia. *Global & Planetary Change*, Vol. 110, No. 2.

Giltrap, D. L., C. Li and S. Saggar, 2010. DNDC: a Process-Based Model of Greenhouse Gas Fluxes from Agricultural Soils. *Agriculture, Ecosystems & Environment*, Vol. 136, No. 3~4.

Gordon, K., 2014. The Economic Risks of Climate Change in The United States—a Climate Risk Assessment for The United States. Agu Fall Meeting. AGU Fall Meeting Abstracts.

Government, H. M., 2012. *UK Climate Change Risk Assessment: Government Report*. London, UK: The Stationery office.

Greve, P., B. Orlowsky and B. Mueller *et al.*, 2014. Global Assessment of Trends in Wetting and Drying Over Land. *Natural. Geoscience*, Vol. 7.

Guo, H., A. Bao and T. Liu, *et al.*, 2018. Spatial and Temporal Characteristics of Droughts in Central Asia During 1966~2015. *Science of The Total Environment*, Vol. 624.

Hancock, N. T., 2014. *Natural Disaster Risk Management in South Asia a Dissertation*. University of Southern Queensland.

Hartmann D. L., A. M. G. Klein Tank and M. Rusticucci *et al.*, 2013. Observations: Atmosphere and Surface. Climate Change 2013: The Physical Science Basis. *Contribution of Working Group I to the Fifth Assessment Report of the Intergovernmental Panel on Climate Change*. Cambridge University Press.

Hirabayashi, Y. R. Mahendran and S. Koirala *et al.*, 2013. Global Flood Risk Under Climate Change. *Nature Climate Change*, Vol. 3, No. 9.

Hoerling, M. J., J. P. Eischeid and X. W. Quan, 2012. On the Increased Frequency of Mediterranean Drought. *Journal of Climate*, Vol. 25.

Huang, J., X. Guan and F. Ji, 2012. Enhanced Cold-season Warming in Semi-arid Regions. *Atmospheric Chemistry and Physics*, Vol. 12.

Immerzeel, W. W., L. P. H. Van Beek and M. F. P. Bierkens, 2010. Climate Change Will Affect the Asian Water Towers. *Science*, Vol. 328.

IPCC, 2013. Climate Change 2013: The Physical Science Basis. Contribution of Working Group I to the Fifth Assessment Report of the Intergovernmental Panel on Climate Change. *Cambridge University Press*.

IPCC., 2012. *Managing the Risks of Extreme Events and Disasters to Advance Climate Change Adaptation: A Special Report of Working Groups I And II of The Intergovernmental Panel on Climate Change.* Cambridge, Britain: Cambridge University Press.

IPCC., 2014. *Climate Change 2014: Impacts, Adaptation, And Vulnerability. Part A: Global and Sectoral Aspects: Working Group II Contribution to The IPCC Fifth Assessment Report.* Cambridge, Britain: Cambridge University Press.

M. Jayanthi, S. Thirumurthy, M. Samynathan, M. Duraisamy, M. Muralidhar, J. Ashokkumar and K. K. Vijayan, 2018. Shoreline Change and Potential Sea-level Rise Impacts in a Climate Hazardous Location in Southeast Coast of India. *Environ. Monit. Assess.*, Vol. 190.

Jiang, L., G. Jiapaer and A. Bao *et al.*, 2017. Vegetation Dynamics and Responses to Climate Change and Human Activities in Central Asia. *Science of The Total Environment.*

Johnson, N. C., S. P. Xie and Y. Kosaka, *et al.*, 2018. Increasing Occurrence of Cold and Warm Extremes During the Recent Global Warming Slowdown. *Nature Communications*, Vol. 9.

Jolanta K. W., P. John and N. Sonja, 2008. *Climate Change Adaptation in Europe and Central Asia: Disaster Risk Management.* World Bank, Washington, DC.

Jones, J. W., G. Hoogenboom and C. H. Porter *et al.*, 2003. The DSSAT Cropping System Model. *European Journal of Agronomy*, Vol. 18, No. 3~4.

Kharin, V. V., F. W. Zwiers and X. Zhang *et al.*, 2013. Changes in Temperature and Precipitation Extremes in The CMIP5 Ensemble. *Climate Change.* Vol, 119, No. 2.

Kottek, M. J., C. Grieser and B. Beck *et al.*, 2006. World Map of the Köppen-Geiger Climate Classification updated. *Meteorol Zeitschrift.* Vol. 15.

Kromp-Kolb, H., N. Nakicenovic and K. Steininger *et al.*, 2014. *Austrian Climate Change Assessment Report 2014: Summary for Policymakers.* Wien, Österreich: Verlag Der Österreichischenakademie Der Wissenschaften.

Landsberg, H. E., 1981. *General Climatology 3: World Survey of Climatology.* Elsevier Scientific Publishing Company, Amsterdam-Oxford-New York.

Li, Y., T. Ren and P. L. Kinney *et al.*, 2018. Projecting Future Climate Change Impacts on Heat-Related Mortality in Large Urban Areas in China. *Environmental Research*, Vol. 163.

Mantyka-Pringle, C. S., P. Visconti and M. D. Marco *et al.*, 2015. Climate Change Modifies Risk of Global Biodiversity Loss Due to Land-Cover Change. *Biological Conservation*, Vol. 187.

Margareth Sembiring., 2016. *Climate Change, Disaster Risk Reduction and Gender: The Southeast Asia Experience.* RSIS Commentary.

Melillo, J. M., G. W. Yohe, 2014. Climate Change Impacts in The United States: The Third

National Climate Assessment. *Evaluation & Assessment*, Vol. 61, No. 12.

Mitchell, D., C. Heaviside and S. Vardoulakis *et al.*, Attributing Human Mortality During Extreme Heat Waves to Anthropogenic Climate Change. *Environmental Research Letters*, 2016, Vol. 11, No. 7.

Mo, K. C., D. P. Lettenmaier, 2015. Heat Wave Flash Droughts in Decline. *Geophysical Research Letters*, Vol. 42.

Myers N., Mittermeier RA, Mittermeier CG, da Fonseca GAB, Kent J., 2000. Biodiversity hotspots for conservation priorities. *Nature*, Vol. 403.

N. S. Sodhi, M. R. C. Posa, T. M. Lee, D. Bickford, L. P. Koh and B. W. Brook, 2010. The state and conservation of Southeast Asian biodiversity. *Biodiversity & Conservation*, Vol. 19.

Philippart, C. J., M. R. Anadón and R. Danovaro *et al.*, 2011. Impacts of Climate Change on European Marine Ecosystems: Observations, Expectations and Indicators. *Journal of Experimental Marine Biology & Ecology*, Vol. 400, No. 1.

Pollner, J. *et al.*, 2010. *Disaster Risk Management and Climate Change Adaptation in Europe and Central Asia*. Washington DC: World Bank.

Prudhomme, C., R. L. Wilby and S. Crooks *et al.*, 2010. Scenario-Neutral Approach to Climate Change Impact Studies: Application to Flood Risk. *Journal of Hydrology*, Vol. 390, No. 3~4, 198209.

Puntsukova, S. D., B. O. Gomboev and T. Jamsran *et al.*, 2015. Comparative Analysis of Different Forest Ecosystems Response to Global Climate Change and Economic Activity. *Journal of Resources and Ecology*, Vol. 6, No. 2.

Qi, Y., Z. Yan and C. Qian *et al.*, 2018. Near-Term Projections of Global and Regional Land Mean Temperature Changes Considering Both the Secular Trend and Multidecadal Variability. *Journal of Meteorological Research*, Vol. 2, No. 3.

Reyer, C. P., O. I. M. Otto and S. Adams *et al.*, 2017. Climate Change Impacts in Central Asia and Their Implications for Development. *Regional Environmental Change*, Vol. 17, No. 6.

Reynolds, J. F., D. Smith and E. F. Lambin *et al.*, 2007. Global Desertification: Building A Science for Dryland Development, *Science*, Vol. 316, No. 5826.

Rosenzweig, C., J. Elliott and D. Deryng *et al.*, 2014. Assessing Agricultural Risks of Climate Change in the 21st Century in A Global Gridded Crop Model Intercomparison. *Proceedings of the National Academy of Sciences of The United States of America*, Vol. 111, No. 9.

Salik, K. M. M., M. Hassan and M. S. Vidanage *et al.*, 2016. *Impact of Climate Change on Mangrove Ecosystem in South Asia*. LAP LAMBERT Academic Publishing.

Savage, Jessica M., Hudson, Malcolm D. and Osborne, Patrick E., 2020. The challenges of establishing marine protected areas in South East Asia. *Marine Protected Areas: Science, Policy and Management.*

Schubert, S. D., R E. Stewart and H. Wang *et al.*, 2016. Global Meteorological Drought: A Synthesis of Current Understanding with A Focus on SST Drivers of Precipitation Deficits. *Journal of Climate*, Vol. 29.

Sheffield, J., E. F. Wood 2008. Projected Changes in Drought Occurrence Under Future Global Warming from Multi-Model, Multi-Scenario, IPCC AR4 Simulations. *Climate Dynamics*, Vol. 31.

Sheffield, J. K., M. Andreadis and E. F. Wood *et al.*, 2009. Global and Continental Drought in The Second Half of The Twentieth Century: Severity-Area-Duration Analysis and Temporal Variability of Large-Scale Events. *Journal of Climate*, Vol. 22.

Shrestha, M., B. Pradhan and S. Shrestha 2015., *Review of Policy, Legal and Institutional Responses for Disaster Risk Reduction and Mitigation in Selected Southeast Asian Countries*. International Expert Workshop: Towards Urban Water Security in Southeast Asia: Managing Risk of Extreme Events.

Shuichi, K., T. Taichi, 2016. Mamoru Miyamoto. Review of Recent Water-Related Disasters and Scientific Activities in Southeast Asia: Lessons Learned and Future Challenges for Disaster Risk Reduction. *Journal of Disaster Research*, Vol. 11, No. 3.

Sillmann, J., V. V. Kharin and F. W. Zwiers *et al.*, 2013. Climate Extremes Indices in The CMIP5 Multimodel Ensemble: Part 2. Future Climate Projections. *Journal of Geophysical Research Atmosphere*, Vol. 118.

Slowinska, S., K. Marcisz and M. M. Slowinski *et al.*, 2013. *Response of Peatland Ecosystem to Climatic Changes in Central-Eastern Europe: A Long-Term Ecological Approach*. AGU Fall Meeting.

Spinoni, J. G., J. V. V. Naumann, 2017. Pan-European Seasonal Trends and Recent Changes of Drought Frequency and Severity. *Global and Planetary Change*, Vol. 148.

Spinoni, J. G., J. V. V. Naumann and P. Barbosa, 2015. *Journal of Hydrology: Regional Studies*, Vol. 3.

Stott, P. A., D. A. Stone and M. R., Allen 2004. Human Contribution to The European Heatwave of 2003. *Nature*, Vol. 432.

Sun, Y., X. Zhang, F. W. Zwiers and L. Song, 2014. Rapid Increase in The Risk of Extreme Summer Heat in Eastern China. *Nature Climate Change*, Vol. 4.

Tim, W., V. B. Joachim, 2013. Climate Change Impacts on Global Food Security. *Science*, Vol.

341, No. 6145.

Urban, M. C., 2015. Accelerating Extinction Risk from Climate Change. *Science*, Vol. 348, No. 6234.

Waheed, U. L or L., Z. Zafar, 2015. *Impact of Climate Change on Mangroves Ecosystem in South Asia*. Affiliation: Asia-Pacific Network for Global Change Research.

Wang, L., X. Yuan and Z. Xie, 2016. Increasing Flash Droughts Over China During the Recent Global Warming Hiatus. *Scientific Reports*. Vol 6.

Wilby, R., L. R. Keenan, 2012. Adapting to Flood Risk Under Climate Change. *Progress in Physical Geography*, Vol. 36, No. 3.

World Bank, 2012. *Disaster Risk Management in South Asia: A Regional Overview*. World Bank Other Operational Studies.

World Bank, 2017. *Lao PDR Southeast Asia Disaster Risk Management Project*. Washington DC.

Wu, S. H., L. L. Liu and Y. H. Liu, 2019. Regional Characteristics and Extreme Event Risks in the "Belt and Road" Region. *Journal of Geographical Sciences*, Vol. 29, No. 4.

Xia, J., J. K. Tu and Z. W. Yan *et al.* 2016. The Super-Heat Wave in Eastern China During July-August 2013: A Perspective of Climate Change. *International Journal of Climatology* Vol. 36.

Xia, J., Z. Yan and P. Wu, 2013. Multidecadal Variability in Local Growing Season During 1901~2009. *Climate Dynamics*. Vol. 41.

Xia, Y., Y. Li and D. Guan, 2018. Assessment of The Economic Impacts of Heat Waves: A Case Study of Nanjing, China. *Journal of Cleaner Production*. Vol. 171.

Yu, S., J. J. Xia and Z W. Yan *et al.*, 2019. Loss of Work Productivity in A Warming World: Differences Between Developed and Developing Countries. *Journal of Cleaner Production*, Vol. 208.

Zhang, G. Q., T. D. Yao and H. J. Xie *et al.*, 2014. Estimating Surface Temperature Changes of Lakes in The Tibetan Plateau Using MODIS LST Data. *Journal of Geophysical Research: Atmospheres*, Vol. 119, No. 14.

Zhang, L., T. Zhou 2015., Drought Over East Asia: A Review. *Journal of Climate*, Vol, 28.

Zhang, Y., X. Hou. 2020. Characteristics of Coastline Changes on Southeast Asia Islands from 2000 to 2015. *Remote Sens*. Vol. 12.

Zhou, T., J. N. Sun and W. X. Zhang *et al.*, 2018. When and How Will the Millennium Silk Road Witness 1.5°C and 2°C Warmer Worlds? *Atmospheric and Oceanic Science Letters*, Vol. 11, No. 2.

第二章 沿线国家自主贡献和措施

本章梳理了沿线国家自主贡献，汇总了各国承诺的自主贡献目标和资金需求，评估了与全球温控目标的差距，系统评估了沿线地区的温室气体排放情况、国家自主减排领域、措施、方案及意义，总结了沿线国家对全球减排的积极贡献。主要结论包括：

（1）截至 2018 年底，65 个"一带一路"沿线国家全部提交了国家自主贡献，目标形式多样。

（2）2030 年沿线国家提出的减排目标将达到 276～308 亿吨，对全球总减排量的贡献将达到 52.2%～55.8%。

（3）沿线国家自主贡献涉及能源、工业、农业、交通运输等多个主要部门，包括能源消费结构和能源效率、可再生能源、碳减排技术等主要领域。

（4）沿线地区的国家制定了多种政策和市场措施，包括能源和产业结构调整政策、技术措施来控制温室气体排放。

（5）自主贡献对沿线地区甚至全世界的低碳转型、能源转型、电力系统脱碳、能源供应投资、碳价等都具有一定影响。

第一节　自主减排贡献

自 2015 年《巴黎协定》签署后，各缔约方达成了广泛共识，明确了全球应对气候变化的长期目标，建立了"自下而上"的以"国家自主贡献+全球盘点"为核心的不断提高力度的"棘齿"机制，为 2020 年后全球应对气候变化国际合作奠定了法律基础。国家自主贡献（Nationally Determined Contributions，NDCs）是《联合国气候变化框架公约》各缔约方根据自身情况确定的应对气候变化行动目标。截至 2018 年，65 个"一带一路"沿线国家包括亚洲（45 个）、欧洲（19 个）和非洲（1 个），全部制定并提交了国家自主决定贡献（The Intended Nationally Determined Contributions，INDC）[①]或国家自主贡献（NDC）[②]。傅京燕等（2017）认为，"一带一路"沿线国家多数是发展中国家，随着这些国家的经济发展和能源的消耗，未来碳排放量还会持续增加。但从这些国家提交的国家自主贡献中提到的减排目标来看，沿线国家在全球减缓气候变化行动中将发挥重要贡献，成为碳减排的重要潜力区。

一、自主贡献目标及类型

自《巴黎协定》签署以来，"一带一路"沿线国家均积极提交了国家自主贡献，不少国家提出了具有雄心的减排目标，积极分担减排重任。从减缓目标形式来看（表 2–1），沿线国家根据各自的国情和能力，提出了多样化的

[①] 资料来源：http://www4.unfccc.int/submissions/indc/Submission%20Pages/submissions.aspx。

[②] 资料来源：https://www4.unfccc.int/sites/NDCStaging/Pages/All.aspx。

目标，如照常情景偏离目标、绝对量目标、行动目标、峰值目标、部门减排目标等。其中，超过四分之三的沿线国家提出了温室气体减排量化目标，有部分国家方提出非量化的行动目标。对比发现，相对成熟和发达的经济体，在预测未来排放方面有比较好的基础，大多选择绝对量减排目标，如白俄罗斯、保加利亚等国；而处在快速发展阶段的新兴经济体，由于经济增长速度和经济结构演变趋势的不确定性，更多会选择偏离照常情景（如阿富汗、阿尔巴尼亚等）、降低碳强度（如中国等）以及达峰时间等的相对减排目标。在时间框架上看，沿线国家提出的目标年份集中于 2025 年和 2030 年，然而基年种类繁多，包括 1990 年、2000 年、2005 年、2030 年等；从覆盖的经济部门来看，主要以能源部门为主，也包括制造业、建筑业、农业、林草、交通、服务业等部门；从温室气体种类来看，二氧化碳，CH_4 和 N_2O 是三类最受关注的温室气体（陈艺丹等，2018）。除上述可量化的绝对、相对减排目标外，也有国家提出增加碳汇、发展清洁能源等非量化的行动目标。此外，许多国家还提出了适应行动目标，例如提高现有基础设施的气候适应性、保护森林和沿海生态系统和生物多样性以及建立健全国家适应相关政策等。

通过汇总表 2–1 中各国递交的自主贡献减排目标，得到 2030 年沿线国家提出的减排目标将达到 276～308 亿吨，对全球总减排量的贡献将达到 52.2%～55.8%，是实现全球温控目标的关键地区。需要注意的是，沿线国家提出的国家自主贡献中，超过 30% 的减缓目标是有条件的（如阿富汗、亚美尼亚等国），另有近一半的国家提出了有条件和无条件两套减缓目标（如孟加拉有条件减缓目标由无条件的 5% 大幅提高至 15%）。这意味着大多数沿线国家减缓目标的落实和减排力度的大幅提升将依赖于国际社会资金、技术、能力建设等多方面的支持，凸显了共建绿色丝绸之路、开展低碳发展国际合作的重要性与必要性。

表 2–1 "一带一路"沿线国家已提交的国家自主贡献减缓目标

国家	目标类型	基年	目标年	无条件目标	有条件目标
阿富汗	照常情景偏离	—	2030	—	13.6%
阿尔巴尼亚	照常情景偏离	—	2030	11.5%	—
亚美尼亚	绝对量（累积）	—	2015～2050	—	累积不超过6.33 亿吨
阿塞拜疆	绝对量	1990	2030	35.0%	—
巴林	行动目标	—	—	—	—
孟加拉国	照常情景偏离		2030	5.0%	15.0%
白俄罗斯	绝对量	1990	2030	28.0%	—
不丹	绝对量	—	—	—	保持碳中和
波黑	照常情景偏离	1990	2030	2%	23.0%
文莱	部门	—	2035	—	—
保加利亚	绝对量	1990	2030	40.0%	—
柬埔寨	照常情景偏离	—	2030	—	27.0%
中国	峰值；强度；非化石能源占比；碳汇	2005	2030	2030 年左右达峰；相比 2005 年，碳强度下降 60%～65%；森林蓄积量增加 45 亿立方米；非化石能源占比 15%；	—
克罗地亚	绝对量	1990	2030	40.0%	—
捷克	绝对量	1990	2030	40.0%	—
埃及	行动目标	—	—	—	—
爱沙尼亚	绝对量	1990	2030	40.0%	—
格鲁吉亚	照常情景偏离		2030	15.0%	25.0%
匈牙利	绝对量	1990	2030	40.0%	—
印度	强度目标	2005	2030	—	33%～35%
印度尼西亚	照常情景偏离	—	2030	29.0%	41.0%
伊朗	照常情景偏离	—	2030	4.0%	8.0%
伊拉克	照常情景偏离	—	2035	13.0%	15.0%
以色列	人均绝对量	2005	2030	26.0%	—

续表

国家	目标类型	基年	目标年	无条件目标	有条件目标
约旦	照常情景偏离	—	2030	1.5%	14.0%
哈萨克斯坦	绝对量	1990	2030	15.0%	25.0%
科威特	行动目标	—	—	—	—
吉尔吉斯斯坦	照常情景偏离	—	2030	11.5%～13.8%	29%～30.9%
老挝	行动目标	—	—	—	—
拉脱维亚	绝对量	1990	2030	40.0%	
黎巴嫩	照常情景偏离		2030	15.0%	30.0%
立陶宛	绝对量	1990	2030	40.0%	
马其顿	照常情景偏离		2030	—	30%～36%
马来西亚	强度	2005	2030	35.0%	45.0%
马尔代夫	照常情景偏离		2030	10.0%	24.0%
摩尔多瓦	绝对量	1990	2030	64%～67%	78.0%
蒙古国	行动目标		—	—	—
黑山	绝对量	1990	2030	30.0%	
缅甸	行动目标	—	—	—	—
尼泊尔	行动目标	—	—	—	—
阿曼	照常情景偏离	—	2030	2.0%	
巴基斯坦	行动目标	—	—	—	—
菲律宾	照常情景偏离	2030	—	—	70.0%
波兰	绝对量	1990	2030	40.0%	—
卡塔尔	行动目标	—	—	—	—
罗马尼亚	绝对量	1990	2030	40.0%	—
俄罗斯	绝对量	1990	2030	25%～30%	—
沙特阿拉伯	行动目标	—	—	—	—
塞尔维亚	绝对量	1990	2030	9.8%	—
新加坡	强度	2005	2030	36.0%	—
斯洛伐克	绝对量	1990	2030	40.0%	—
斯洛文尼亚	绝对量	1990	2030	40.0%	—

续表

国家	目标类型	基年	目标年	无条件目标	有条件目标
斯里兰卡	照常情景偏离	—	2030	7.0%	23.0%
塔吉克斯坦	绝对量	1990	2030	10%～20%	25%～35%
泰国	照常情景偏离	—	2030	20.0%	25.0%
东帝汶	行动目标	—	—	—	—
土耳其	照常情景偏离	—	2030	21.0%	
土库曼斯坦	峰值	2000	2020～2030	2030 稳定排放或下降	
乌克兰	绝对量	1990	2030	40.0%	
阿联酋	行动目标	—	—	—	—
越南	照常情景偏离	—	2030	8.0%	25.0%
也门	照常情景偏离	—	2030	1.0%	14.0%

资料来源：根据各国提交的国家自主贡献文件整理得到。

从气候—经济分区来看，各个气候—经济分区提交的自主贡献具有相似性。中东欧寒冷湿润区（CEE）的波兰、捷克、白俄罗斯等 20 个国家大多提出了绝对量的减排方式；蒙俄寒冷干旱区（MR）和巴基斯坦干旱区（PAK）主要是行动目标的减排；中亚西亚干旱区（CWA）的哈萨克斯坦、以色列等 25 个国家主要提出了照常情景偏离和行动目标减排；东南亚温暖湿润地区（SEA）包括越南、新加坡、印度尼西亚等 10 个国家主要是照常情景偏离和强度减排；孟印缅温暖湿润区（BIM）中印度为强度减排、缅甸为行动目标，其他 3 个国家都是照常情景偏离。

二、自主贡献减排的资金需求

在沿线国家提出的自主贡献文件中，共有 19 个国家在其自主贡献中明确提出了资金需求，包括印度、印度尼西亚等经济体量较大的发展中国家，提出的总资金需求合计 3 万亿美元（表 2-2），占全球自主贡献资金总需求的 75%

左右，年均约为 2 千亿美元，包括实现有条件与无条件国家自主贡献目标的资金需求、减缓和适应的资金需求、国内外资金需求（洪祎君等，2018）。在提出资金需求的沿线国家中，印度的自主贡献资金需求最大，达 2.5 万亿美元，远高于自主贡献资金具体需求排名第二的伊朗（1 925 亿美元）。自主贡献资金需求最少的国家是也门，4.3 亿美元。部分国家分别提出了减缓和适应所需要的资金需求，两部分比值约为 6∶4，然而，伊朗和巴基斯坦提出的适应部分资金需求较高，占总需求的 70% 以上。从提出的资金来源来看，国内资金需求在总资金需求中所占比例约为 27%，国外资金需求占比约为 73%。通过对比各国提出的自主贡献目标，核算的累积减排量，发现各国提出减排的资金需求对应的减排成本差别较大，0.4～6 700 美元/吨二氧化碳当量不等，存在较大的不确定性。

表 2–2 2030 年"一带一路"沿线国家提出的自主贡献资金需求及相应的累积减排量

国家/地区	自主贡献资金需求（亿美元）	累积减排量（兆吨 CO_2 eq）
吉尔吉斯斯坦	37.66	629.26
土库曼斯坦	105.00	577.13
蒙古国	69.00	60.93
老挝	23.83	72.89
柬埔寨	12.70	2.29
印度尼西亚	550.10	9998.46
印度	25 000.00	13 877.25
巴基斯坦	1 800.00	2 725.10
孟加拉国	690.00	298.35
阿富汗	174.05	52.70
尼泊尔	26.00	179.02
马其顿	49.70	54.05
摩尔多瓦	51.00	10.65
伊朗	1 925.00	1 036.88

续表

国家/地区	自主贡献资金需求（亿美元）	累积减排量（兆吨 CO_2 eq）
也门	4.30	35.00
约旦	58.82	60.72
巴勒斯坦	141.00	ND
格鲁吉亚	20.00	81.64
埃及	730.40	1765.35
总和	31 468.56	89 783.39

资料来源：根据各国提交的国家自主贡献文件整理得到。

2016 年，经济合作与发展组织（Organization for Economic Cooperation and Development，OECD）在 1 000 亿美元路线图报告中指出，气候资金应尽量保持减缓资金与适应资金的平衡。根据对目前的国际气候资金投资的分析，之前国际气候资金的投资多倾向于减缓项目。从发展中国家的自主贡献方案也可以看出，发展中国家更注重对减缓资金的要求，较少提出适应资金需求，提出的减缓资金需求金额也远高于适应资金需求，这种状况不利于适应资金投入的增加。相较无条件自主贡献，有条件自主贡献对应更高的减排水平，需要投入更多的技术、基础设施能力建设以及人力、物力，因此有条件自主贡献方案下对国外的资金需求高于无条件自主贡献方案下的国内资金需求。发展中国家多处于发展阶段，国家财政更多用于促进国家经济发展，很少有多余的资金进行应对气候变化方面的投资，这是导致他们对国际资金的依赖度更大的主要原因。而发达国家由于对目前的气候变化负有更大的责任，提供资金帮助发展中国家应对气候变化是理所应当的。

根据国际气候政策中心（Climate Policy Initiative，CPI）发布的 2017 全球气候融资概览报告（CPI，2017）指出，2015～2016 年全球年均气候融资公共部分为 1 400 亿美元，约为国家自主贡献提出的总资金需求的 1/2。相反，乐施会的气候资金影子报告认为发达国家声称提供的气候资金远大于实际提供给发展中国家的支持资金，而且由于贷款被过高核算以及概算中包括一些非气候变化项下的资金等原因，实际投资于气候领域的资金数额更少，故而，实现自主贡献文件的减缓和适应目标存在着较大的资金缺口（Oxfam，2016）。

三、自主贡献目标与温控目标的差距

《巴黎协定》提出了到 21 世纪末，在工业化前水平上，把全球平均气温升幅控制在 2 摄氏度以内，并努力将气温升幅限制在 1.5 摄氏度内的全球长期温控目标。各国提交的国家自主贡献（NDCs）是各国旨在减少温室气体排放、实现长期温控目标的近期承诺。

根据联合国政府间气候变化专门委员会（Intergovernmental Panel on Climate Change，IPCC）现有研究分析，2030 年的近期减排目标力度对未来全球排放的时空分布以及全球长期减排成本有着重要的影响（IPCC，2014）。联合国环境规划署（United Nations Environment Programme，UNEP）的评估表明，实现 2 摄氏度目标则要求全球在 2030 年的排放控制在 380～450 亿吨二氧化碳当量，实现 1.5 摄氏度目标则要求 2030 年进一步控制 220～300 亿吨二氧化碳当量（UNEP，2018）。联合国气候变化框架公约（United Nations Framework Convention on Climate Change，UNFCCC）秘书处的综合报告也得出了类似结论。

国际上主要研究机构就国家自主贡献进行了预测，并评估了与长期目标的关系（表 2-3）；不同机构预估的 2030 年自主贡献排放量虽略有差异，但基本一致。2016 年 5 月，UNFCCC 秘书处更新了其授权完成的国家自主贡献综合报告，涵盖了 4 月 4 日之前各国提交的 161 份国家自主贡献。这 161 个国家和地区代表了所有 197 个缔约方 2010 年约 99%的温室气体排放，且占全球排放的 95.7%。161 份国家自主决定贡献（INDC）所覆盖的行业和温室气体排放代表了 87.9%的全球排放。根据联合国气候变化框架公约秘书处核算，根据既有政策措施，2030 年全球温室气体排放将达到 608 亿吨二氧化碳当量，通过有效的自主贡献措施，排放量将减小至 520～593 亿吨，自主贡献显然有助于温室气体减排（约有 7.6% 的减排力度）。联合国环境规划署预测（UNEP，2018）预测，在无条件 NDC 情景下，2030 年排放量约为 520～580 亿吨二氧化碳当量；在有条件 NDC 情景下 2030 年排放量约为 490～550 亿吨二氧化碳当量，与荷兰国家环境评估署（Netherlands Environmental Assessment Agency，PBL）、联合国气候变化框架公约秘书处核算基本一致。

表 2–3　主要研究机构关于国家自主贡献与长期目标关系的研究

研究机构	涵盖 INDC 数量	分析内容	结论
UNFCCC	161	估算各缔约方 INDC 下 2025 和 2030 年的排放总量和缺口	2025 年全球排放量为 514～573 亿吨二氧化碳 eq，2030 年排放量为 520～593 亿吨二氧化碳 eq。2025 年的减排缺口达 87 亿吨，2030 年将增大至 152 亿吨。
UNEP	118 / 160	估算 NDC 下 2030 年全球排放量及与 2 摄氏度和 1.5 摄氏度目标对应排放的差距及 NDC 情景的温升含义。	在无条件 NDC 情景下，与 2 摄氏度目标相差 120～170 亿吨二氧化碳 eq，与 1.5 摄氏度目标相差 280～340 亿吨二氧化碳 eq；在有条件 NDC 情景下，与 2 摄氏度目标相差 90～150 亿吨二氧化碳 eq，与 1.5 摄氏度目标相差 260～310 亿吨二氧化碳 eq。
DEA	158	分析在自主贡献下是否能实现 2 摄氏度目标。	到 2030 年，全球排放量为 512～560 亿吨二氧化碳 eq，与实现 2 摄氏度目标相差 116 亿吨二氧化碳 eq。
LSE	127	计算 INDC 情景下 2030 年全球排放总量和包括中、美、印、欧盟等 14 个缔约方的排放量。	在 NDC 情景下全球 2030 年排放量为 540～570 亿吨二氧化碳 eq，不能实现 2 摄氏度目标。
MILES 项目（IDDRI）	118	分析 INDC 对 2030 年和 2100 年全球排放和能源利用的影响。重点分析中、美、印、巴、日和欧盟共 6 个国家地区。	到 2030 年电力生产的碳排放强度将比 2010 年下降约 40%，可再生能源发电占总发电量约 36%；根据已提交的自主贡献，不能实现 2 摄氏度目标。

续表

研究机构	涵盖 INDC 数量	分析内容	结论
PBL	102	估算 INDC 下 2030 年全球排放量,与 2 摄氏度目标的差距,分析 LULUCF 不确定性对 INDC 的影响;对 G20 国家重点分析。	NDC 情景下 2030 年全球排放将继续增长,达到 520～580 亿吨二氧化碳 eq,比 2010 年增加 13%～18%,与 2 摄氏度目标相差 130～180 亿吨二氧化碳 eq,LULUCF 净排放量比照常情景将减少。

资料来源:根据相关研究机构整理的国家自主贡献与长期目标得到。

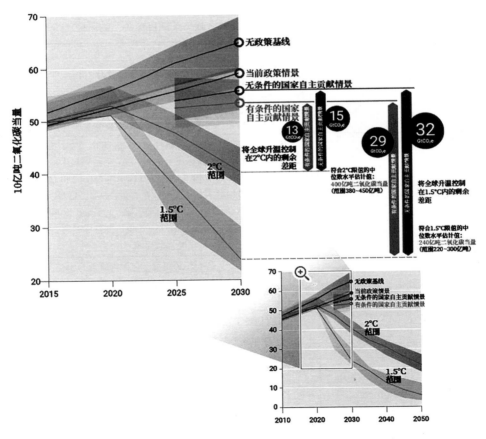

图 2-1 各方贡献距离全球长期目标的差距(UNEP,2018)

资料来源:根据 UNEP 报告整理得到。

综合各方研究可以发现，虽然自主贡献显著减少了全球温室气体排放，然而距离 2 摄氏度/1.5 摄氏度温升目标仍有差距。根据联合国环境规划署（UNEP，2018）的评估，在无条件 NDC 情景下与 2 摄氏度目标相差 120～170 亿吨二氧化碳当量，与 1.5 摄氏度目标相差 280～340 亿吨二氧化碳当量；在有条件 NDC 情景下，与 2 摄氏度目标相差 90～150 亿吨二氧化碳当量，与 1.5 摄氏度目标相差 260～310 亿吨二氧化碳当量。因此为实现 2 摄氏度目标，全世界所有国家需要共同努力，进一步减排增汇。虽然"一带一路"沿线国家的自主贡献目标已经承担了未来全球减排量的 52.2%～55.8%，将为全球实现 2 摄氏度目标付出积极的贡献，但也仍需进一步压缩排放空间，继续提升自主贡献减排目标，因此面临的减排压力也将加大。

第二节 自主减排方案

"一带一路"沿线国家提交的自主贡献方案目标种类繁多，涉及部门、行业丰富，提出的措施也不尽相同，在一定程度上体现了沿线各国目前的经济发展水平、温室气体排放情况及未来减排潜力。本节主要就沿线国家目前的温室气体排放情况，及自主贡献文件中提到的减排领域、措施、方案等方面进行评估。

一、沿线国家温室气体排放情况

（一）碳排放总量特征

根据世界银行（World Bank，WB）统计年鉴整理得到沿线主要国家碳排放数据（图 2–2）。从整体上看，沿线国家 1995～2014 年碳排放量呈现上升的趋势，平均年增幅为 3.7%；尤其自 2000 年以来，碳排放量一路上升，由 98.8 亿吨上升至 201.3 亿吨，占世界二氧化碳总排放量的 55.7%。中国、印度、俄罗斯、印度尼西亚、伊朗、沙特阿拉伯、土耳其、泰国、波兰、哈萨克斯坦是沿线国家中排放量前 10 的国家，2014 年，这些国家碳排放量共计 171.5 亿吨，占沿线国家排放总量的 85% 以上。这些国家既包括谋求经济发展的发展中经济大国如中国和印度，也包含高收入的中东各国，未来均将成为沿线国家减排的重要贡献地区。

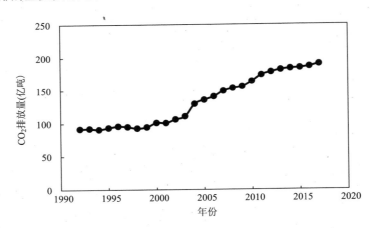

图 2-2 "一带一路"沿线国家碳排放总量趋势

资料来源：根据 WB 能源数据整理，汇总"一带一路"国家碳排放。

（二）人均碳排放特征

根据英国国家石油公司（British Petroleum，BP）能源统计年鉴，2015 年"一带一路"沿线国家人均二氧化碳排放量为 3.1 吨（若不包含中国为 2.8 吨），大大低于世界平均水平（4.7 吨）和非"一带一路"沿线国家的水平（6.9 吨）。南亚、东南亚、非洲等人口密集地区的人均碳排放则更是远低于世界平均水平。沿线地区人均碳排放量位居前 10 位的国家包括卡塔尔、科威特、巴林、阿联酋、文莱、沙特、阿曼、爱沙尼亚、土库曼斯坦和新加坡，大部分是沿线的石油输出国，高耗能造成了这些国家的高人均排放。而对比碳排放总量和人均碳排放量国家排名显示，人均排放量高的国家排放总量并不高，而排放总量高的国家人均排放量并不突出，印度和印度尼西亚等排放体量大国的人均排放量反而远低于世界平均水平，形成了沿线国家碳排放总量与人均碳排放量的分离（图2-3）。"高人均—低总量"的石油输出国未来同样要承担一定量的减排任务，其减排措施及减排立场对于"一带一路"沿线地区能否实现清洁绿色发展同样具有指示作用和公平意义。

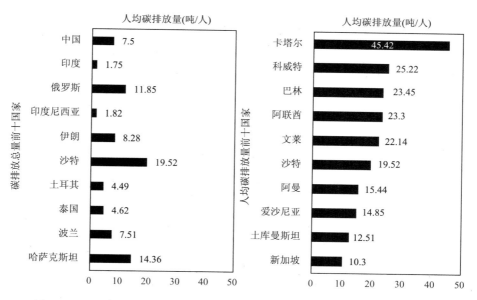

图2-3　2015年"一带一路"沿线地区碳排放总量和人均排放量前十位国家的
人均碳排放量

资料来源：根据BP能源统计年鉴，整理得出"一带一路"国家人均碳排放。

（三）碳排放结构特征

"一带一路"沿线国家的产业结构、技术水平存在较大差异，在碳排放来源上也各不相同，主要来自能源消费、工业过程、农业、废弃物、土地利用变化、船用燃料等6个部门，占排放总量的比例达88%以上（图2-4），其中能源消费占67%，是沿线国家碳排放的最主要来源。

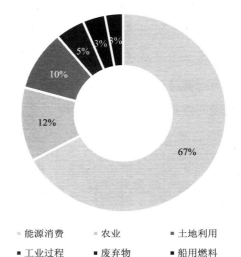

图 2-4　"一带一路"沿线国家碳排放的六个主要部门占比

资料来源：根据 BP 能源统计年鉴，整理得出"一带一路"国家部门碳排放。

　　此次评估的沿线国家中，有53个国家以能源消费为最大排放来源，且大部分主要用于发电发热。这些国家大部分为碳排放总量较高的国家，如印度、俄罗斯、伊朗、沙特阿拉伯等。而阿富汗、孟加拉国、尼泊尔、塔吉克斯坦四国的农业部门为其最大的碳排放部门，农业在这四国 GDP 的占比均达到16%以上，特别是尼泊尔的农业更占据了国民经济的 32%；加之这些国家较为落后的农业生产技术和管理方式，可以说高比重、低技术的农业生产导致了这 4 个国家农业部门温室气体排放居高不下。除上述国家外，柬埔寨、印度尼西亚、老挝、蒙古国和缅甸 5 个国家碳排放主要来源则是土地利用变化和森林植被变化（LUCF），这 5 个国家均存在一定程度的毁林现象，例如，缅甸森林面积自 2010 年以来每年以高达 54.6 万公顷的速度锐减，森林资源管理与利用方面面临木材需求量剧增、土地开发与保护存在冲突等问题；全球最大的棕榈油生产国印度尼西亚面临超限的林产品生产需求问题，自 1990 年以来森林面积已流失近 1/4。

（四）能源消费及碳强度变化

"一带一路"沿线是自然资源的集中生产区和消费区，也是能源/电力消费和温室气体排放的集聚区。根据国家气候战略中心的统计，2015 年沿线国家消耗了全球 59% 的能源（不包含中国为 36%）、56% 的电力（不包含中国为 31%）。但人均能源消耗为 1.40 吨标油（不包含中国为 1.16 吨标油），仅为世界平均水平的 78.7%（不包含中国 65.2%）；人均用电量是 2 346.1 千瓦时（不包含中国为 1 733 千瓦时），仅为世界水平的 72%（不包含中国为 53%）[①]，仍有较大的增长潜力。同时，沿线国家中的西亚（中东）国家、俄罗斯和中亚国家都是主要的化石能源生产国，面临较高的能源消耗和较大的转型压力。中科院科技政策与管理科学研究所（陈劭锋等，2015）对 38 个沿线国家资源环境绩效进行了评估，结果显示，这些国家单位 GDP 能耗、原木消耗高出世界平均水平的 50% 以上，单位 GDP 钢材消耗、水泥消耗、有色金属消耗、水耗等是世界平均水平的两倍或两倍以上。此外，沿线国家生产了全球 57.9% 的石油，54.2% 的天然气和 70.5% 的煤炭，同时也消耗着大量的一次能源以及钢材、水泥、有色金属、原木等初级生产原料。上述 38 个国家整体发展还处于全球低位，以全球 62% 的人口仅产出了全球 30% 的 GDP，但能源排放强度和碳排放强度却普遍较高，是未来全球能源消费和温室气体排放的主要增长源。

根据国家气候战略中心的统计，2015 年沿线国家的能源/电力消费和碳排放分别占全球的 60% 和 2/3 以上。2000～2015 年间，沿线国家的二氧化碳排放增长了 86.2%，是世界平均水平的 2 倍多。同时，沿线国家单位 GDP 二氧

---

① 上述数据缺阿富汗、不丹、老挝、马尔代夫、黑山、东帝汶、巴勒斯坦等国家数据。

化碳排放量也相对较高，2015 年为 0.86 吨二氧化碳/千美元（不包含中国为 0.70 吨二氧化碳/千美元），约为世界平均水平（0.46 吨二氧化碳/千美元）的 1.89 倍，为其他国家（0.24 吨二氧化碳/千美元）的 3.56 倍，经济发展呈现出高碳特征。

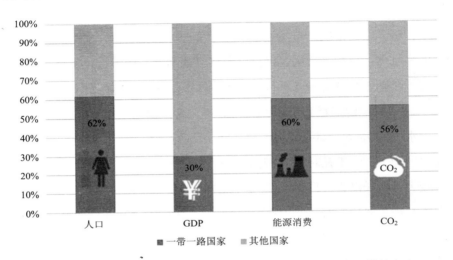

图 2-5　"一带一路"沿线及影响国家的人口、经济、能源、排放占比

资料来源：根据世界银行统计数据整理得出

此外，分析单位能源的碳排放可以看出，沿线国家 2015 年的能源碳强度 是 2.87 吨二氧化碳/吨标油（不包含中国为 2.43 吨二氧化碳/吨标油），高于其 他国家的 2.27 吨二氧化碳/吨标油，且这是在很多沿线国家仍使用传统生物质 能源的情况下。考虑到沿线国家未来经济发展趋势，其能源消耗和二氧化碳 排放量可能仍将保持快速上升的态势，能源结构也可能随着商品能源的使用 而继续恶化。根据国际货币基金组织（International Monetary Fund，IMF）的 预测，"一带一路"沿线国家到 2022 年 GDP 年均增速会在 4%以上，高于全 球平均增速，其中如柬埔寨、缅甸、老挝和越南等东南亚国家以及印度和埃 塞俄比亚年均增速将超过 6%，甚至超过 8%。同时，根据国际能源署

（International Energy Agency，IEA）预测，沿线国家中的印度和东南亚国家对煤炭的需求量将有可能大幅攀升，到 2040 年煤炭需求总量预计将超过美国；中东地区和除日、韩外的亚洲其他国家对石油需求总量将呈上升趋势，预计将超过欧美国家需求总和。

二、自主减排领域

沿线国家提交的自主贡献涉及工业、建筑业、农业、林草、能源、交通运输、废物处理、环保、制造业、旅游业、土地利用等多个主要部门（表 2-4），其中所有国家均涉及能源行业，且超过 50% 的沿线国家基本上涵盖了能源、工业、农业、交通运输和环保等部门。在这些部门中主要涉及了几个主要自主减排领域，如能源消费结构和能源效率、可再生能源、碳减排技术等领域。

表 2-4 "一带一路"沿线国家减排的主要部门

减排的主要行业	国家
能源	包括所有"一带一路"沿线国家
工业	中国，吉尔吉斯斯坦，乌兹别克斯坦，土库曼斯坦，孟加拉国，斯里兰卡，叙利亚，沙特阿拉伯，巴林，黎巴嫩，阿曼，约旦，以色列，亚美尼亚，格鲁尼亚，埃及，白俄罗斯，摩尔多瓦，蒙古国，新加坡，阿尔巴尼亚，爱沙尼亚，保加利亚，克罗地亚，捷克，罗马尼亚，斯洛伐克，立陶宛，波兰，斯洛文尼亚，拉脱维亚，匈牙利，波黑，黑山，乌克兰
建筑业	中国，乌兹别克斯坦，印度，不丹，沙特阿拉伯，以色列，越南
农业	中国，哈萨克斯坦，土库曼斯坦，巴基斯坦，阿富汗，尼泊尔，不丹，斯里兰卡，尼泊尔，黎巴嫩，以色列，巴勒斯坦，格鲁尼亚，阿塞拜疆，埃及，白俄罗斯，摩尔多瓦，蒙古国，老挝，新加坡，越南，爱沙尼亚，保加利亚，克罗地亚，捷克，罗马尼亚，斯洛伐克，立陶宛，波兰，斯洛文尼亚，拉脱维亚，匈牙利，波黑，黑山，乌克兰，塞尔维亚

续表

减排的主要行业	国家
交通，运输	中国，马尔代夫，乌兹别克斯坦，印度，巴基斯坦，孟加拉国，尼泊尔，不丹，斯里兰卡，马尔代夫，叙利亚，阿联酋，沙特阿拉伯，巴林，科威特，约旦，以色列，亚美尼亚，柬埔寨，马来西亚，越南
废物处理	阿富汗，尼泊尔，不丹，斯里兰卡，马尔代夫，科威特，黎巴嫩，阿曼，约旦，以色列，巴勒斯坦，亚美尼亚，格鲁尼亚，阿塞拜疆，埃及，摩尔多瓦
林业	哈萨克斯坦，尼泊尔，不丹，叙利亚，巴勒斯坦，亚美尼亚，格鲁尼亚，阿塞拜疆，白俄罗斯，摩尔多瓦，老挝，马来西亚，新加坡，印度尼西亚，塞尔维亚
环保	哈萨克斯坦，吉尔吉斯斯坦，土库曼斯坦，蒙古国，新加坡，印度尼西亚，越南，爱沙尼亚，保加利亚，克罗地亚，捷克，罗马尼亚，斯洛伐克，立陶宛，波兰，斯洛文尼亚，拉脱维亚，匈牙利，波黑，黑山，乌克兰
土地利用	哈萨克斯坦，吉尔吉斯斯坦，叙利亚，黎巴嫩，阿塞拜疆，白俄罗斯，摩尔多瓦，泰国，新加坡，越南，爱沙尼亚，保加利亚，克罗地亚，捷克，罗马尼亚，斯洛伐克，立陶宛，波兰，斯洛文尼亚，拉脱维亚，匈牙利，波黑，乌克兰
旅游业	卡塔尔
制造业	柬埔寨，越南，乌克兰

资料来源：根据各国提交的国家自主贡献文件整理。

（一）能源消费结构和能源效率领域

从能源消费结构来看，"一带一路"沿线及影响国家的能源消费主要以煤炭、石油和天然气为主，三者占比分别为 41.75%、26.5% 和 21.3%，远远高于北美、欧盟等发达国家，而其中煤炭的消费量占比高出世界平均水平（27.61%）14 个百分点（图 2-6），对于煤炭、石油等的过度依赖使得沿线及影响国家对能源的需求量还在继续增加，世界能源大会（World Energy Conference，WEC）报告显示全球能源需求将继续增长，到 2050 年将翻番，这主要受发展中国家经济增长的驱动。在高增长情景中，预测到 2050 年的能源供给（消费）总量将达到 878.8 艾焦（1 艾焦=10^{18} 焦耳），较 2010 年的 546

EJ 增长 61%，年均增长 1.53%，从区间增速变化上看，2010～2020 年间为
1.76%，2020～2030 年间降至 1.53%，2030～2040 年间降至 1.16%，到 2040～
2050 年间，则降至 0.64%；而在"低增长"图景中，2050 年的能源供给（消
费）总量预计为 695.5 艾焦，较 2010 年增长 27%，年均增长 0.68%，区间增
速将从 2010～2020 年间的 0.84%降至 2020～2030 年间的 0.64%，再到 2030～
2040 年间降至 0.4%，而到 2040～2050 年间则为 0.63%。对能源需求量的持
续增加，必然导致碳排放量的增多；为了实现自主贡献的减排目标，这就要
求发展中国家不能走发达国家传统工业化进程的老路，要积极探寻能源转型、
能效提高的新途径（WEC，2014）。

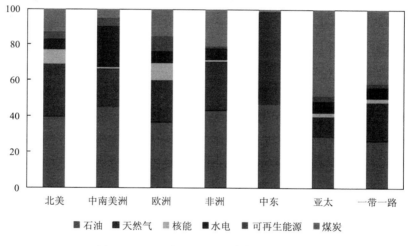

图 2-6　2017 年世界能源消费格局百分比

资料来源：根据世界能源大会（WEC）报告整理得到。

当前，大部分沿线国家存在能源短缺。如何解决能源需求，又兼顾环境
的可持续发展，是"一带一路"沿线国家合作需要解决的重要问题。能源技
术合作将帮助沿线国家实现绿色、开放、合作、共赢的目标。而当前，世界
能源形势正发生复杂而深刻的变化，新一轮能源科技革命推进着能源消费结

构的转变。而能源领域合作将实现沿线国家资源优化、机遇共享，把各国自身发展优势转化为沿线国家共同发展优势，通过沿线国家间的能源合作走低碳经济发展之路，构建"一带一路"沿线开放包容、普惠共享的能源利益共同体、责任共同体和命运共同体的美好蓝图。

在能源利用效率方面，IEA2018 年能源效率报告中显示，能源效率的提高和经济结构的变化相结合，抵消了一半以上的 IEA 国家和其他主要经济体工业和服务部门增加的经济活动终端能源消费的影响（图 2–7）。从结构上看，经济活动从金属、水泥、造纸等能源密集型产业向低能耗制造业和服务业转移，抵消了约四分之一的经济活动上升带来的影响。这种结构变化在发达经济体中早已显现，目前在"一带一路"沿线地区的新兴经济体中也已非常明显。在结构性改革所带来的能源节约中，中国占 40%以上，非经合组织经济体占三分之二。显然能源效率的提高可以有效限制一次能源需求的增长，这将使 2040 年全球能源消费的温室气体排放达峰，并能实现 IEA 预测的直接引发的减排占总减排 2040 年能源效率 40%以上的目标（IEA，2018）。

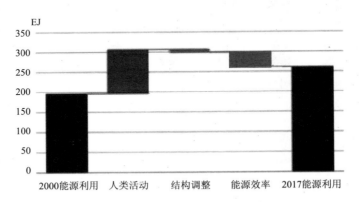

图 2–7 IEA 2018 年全球能源效率

资料来源：根据 IEA 报告整理得出全球能源效率。

虽然中国、印度等发展中国家的能源效率提高对世界能源效率改变起到了重要作用，但是当前沿线国家的总体能源效率远远低于欧美等发达国家，主要原因是沿线国家能源消费结构严重依赖于煤炭、石油，产业结构中第二产业特别是高耗能产业占比相对较高，能源利用设备技术水平较低，能源体制不合理导致的资源浪费和资源配置效率低下。因此通过能源消费结构的转变和能源效率的提高来减少碳排放，对于实现沿线国家的自主贡献目标是必不可少的。

（二）可再生能源领域

IPCC 报告显示全球可再生能源的经济效益在很多地区已经超过了传统能源，能源结构正在发生颠覆性变化。在过去 5 年中，全球风电总体成本下降 20%，光伏发电成本总体下降 60%。长远来看，传统能源国家必然有一个转型的过程。沿线国家主要是发展中国家，普遍面临着贫困、经济发展落后的问题，能源短缺是导致发展中国家贫困和发展受到限制的主要因素之一，反过来贫穷落后又限制了能源的发展。此外沿线国家普遍存在着能源生产和电力供应不足的问题，当前能源供应远远不能满足其经济社会发展的需要，但实际上这些国家蕴藏着丰富的水能、风能、太阳能等清洁可再生能源资源，这将为全球可再生能源的建设和转型提供广阔的市场，也将为沿线国家经济和社会的可持续发展打开新的篇章。IEA 预测显示到 2040 年温室气体减排中，可再生能源的减排贡献度达到 36%（IEA，2015）。当前"一带一路"沿线国家开始发展绿色经济，积极推进并鼓励新能源开发。俄罗斯、印度、土耳其、阿曼、卡塔尔、阿联酋、沙特等国都制定了相应的新能源规划，明确可再生能源发电量要达到一定水平，这些都将为《巴黎协定》后自主贡献减排目标的实现奠定基础。

作为清洁能源中最可靠、成熟、稳定且目前占比最大的水电，目前全球常规装机容量约为 10 亿千瓦，年发电量约 4 万亿千瓦时，开发程度为 26%（按发电量计算）。其中，欧洲、北美洲水电开发程度分别达 54% 和 39%，南美洲、亚洲和非洲水电开发程度分别为 26%，20% 和 9%。发达国家水能资源开发程度总体较高，如瑞士达到 92%、法国 88%、意大利 86%、德国 74%、日本 73%、美国 67%；发展中国家水电开发程度普遍较低。今后全球水电开发将集中于亚洲、非洲、南美洲等资源开发程度不高、能源需求增长快的发展中国家，预测 2050 年全球水电装机容量将达 20.5 亿千瓦。通过对"一带一路"沿线国家的水电开发汇总看出，总体上沿线地区的水电开发程度已经较高，达到 43%（图 2-8），而其中中国的水电贡献量占到了沿线国家的 66%。目前，中国水电开发程度为 37%（按发电量计算），水电装机容量已达 3.2 亿千瓦，占全球水电装机容量的 27%，居世界第一位；全球小水电装机容量的一半在中国。近年来，中国水电产业突飞猛进，在世界水电行业实现了从"追随者"到"领跑者"的飞跃；作为世界水电大国和世界水电技术强国，中国的水电已具备包括规划、设计、施工、装备制造、输变电等在内的全产业链整合能力。《水电发展"十三五"规划（2016～2020 年）》中明确提出，坚持开放发展，加强国际合作，要以"一带一路"建设为统领，推动水电装备、技术、标准和工程服务对外合作。

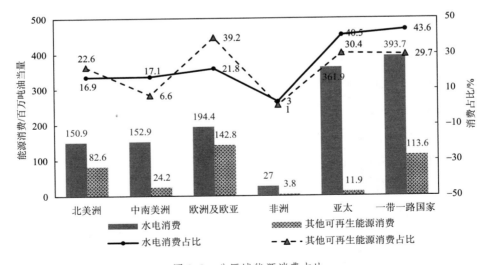

图 2-8　分区域能源消费占比

资料来源：根据 BP 统计年鉴中国家数据，整理成区域数据得到。

　　根据美国可再生能源实验室（National Renewable Energy Laboratory，NREL）评估，"一带一路"沿线的 65 个国家陆上风能技术可开发量为 96 014 吉瓦，占全球总量的 32.2%。根据国际可再生能源机构（International Renewable Energy Agency，IRENA）统计，截至 2017 年，沿线已有 49 个国家有风电站运行，装机总量达 217 448.5 兆瓦，占全球装机总量的 43.9%。其中，中国的陆上风能技术可开发量占沿线国家的 20.6%，而风电装机总量则占到 74.2%，风电开发水平大幅领先于其他国家。俄罗斯拥有丰富的风能资源，主要集中在北极地区北冰洋沿岸，风能资源技术可开发量超过 7 万亿千瓦时（徐洪峰和王晶，2018）。蒙古国超过 10% 的国土面积风资源等级达到优良级别以上，技术可开发潜力达 2.5 万亿千瓦时。中亚地区风能资源主要分布在哈萨克斯坦，技术可开发量约为 1.8 万亿千瓦时。东南亚国家风能资源条件一般，风能开发与利用处于起步阶段；资源相对丰富的国家有越南和菲律宾等国，风电开发潜力分别达到 1.2 亿千瓦时和 7 000 万千瓦时左右；缅甸、马来西亚、老挝、泰国等国也有一定的风电开发利用潜力。南亚国家中，风能资源较为丰富的主要是印度和巴基斯坦；印度地处印度洋季风带，风能资源较为丰富，风电开发潜力约为 1 亿千瓦时，主要集中在西部的古吉拉特邦和拉贾斯坦邦、南部和东部沿海地区；巴基斯坦风能资源总蕴藏量达 3.46 亿千瓦，主要分布在信德和俾路支省。西亚北非国家中，风能资源较为丰富的主要是埃及、土耳其和伊朗等国；埃及的苏伊士湾地区是世界上常年风速最高的区域之一，年等效满负荷利用小时数多达 3 900 小时；土耳其风能资源技术可开发量达 4 800 万千瓦，主要分布在爱琴海地区、西北部马尔马拉地区、地中海地区东部以及部分中央山区；伊朗风能资源较为富裕，可开发风电潜力达 3 000 万千瓦。中东欧地区中风能资源较为丰富的有罗马尼亚、克罗地亚和保加利亚等国；罗马尼亚风能蕴藏量为 1 400 万千瓦，主要分布在沿海的康斯坦察；克罗地亚风能技术可开发量为 1 000 万千瓦，主要分布在亚得里亚海群岛一带；保加利亚风能技术可开发量为 275 万千瓦。独联体区域风能资源相对丰富的是格鲁吉亚和阿塞拜疆，风能资源潜力分别达到 150 万千瓦和 450 万千瓦（数据来自"一带一路"电力综合资源规划研究[①]）。

从全球人均 GDP 和风能开发率的对应关系来看（Liu *et al.*，2019），沿线地区仍有 33 个国家低于全球平均水平，包括 16 个尚未开发陆上风能的国家（表 2–5），要使这些国家的风能装机总量在 2030 年达到全球平均水平，投资总需求约为 7 860 亿美元。中国不但在风电装机容量和开发率上处于世界领先水平，而且在风能技术方面也处于前列。中国于 2017 年加入国际电工委员会可再生能源认证互认体系（International Electrotechnical Commission for Renewable Energy，IECRE）的风能和光伏领域，是亚洲首个可以开展 IECRE 风电检测和认证的国家。因此，中国与沿线国家在风电领域的合作前景广阔。《中国对外投资合作发展报告 2017》发布，"一带一路"沿线国家电力工程新签合同额同比增长达到 54%，其中风电、太阳能等清洁能源建设取得突破。

表 2–5 "一带一路"沿线各国风能开发水平

开发程度	"一带一路"沿线国家
未开发	卡塔尔，文莱，阿曼，马来西亚，阿尔巴尼亚，伊拉克，土库曼斯坦，乌兹别克斯坦，吉尔吉斯斯坦，塔吉克斯坦，老挝，缅甸
非常低	新加坡，科威特，斯洛伐克，俄罗斯，波黑，印度尼西亚，尼泊尔，阿富汗，阿联酋，柬埔寨
较低	斯洛文尼亚，以色列，伊朗，蒙古国
中等	巴林，捷克，匈牙利，拉脱维亚，黎巴嫩，阿塞拜疆，白俄罗斯，亚美尼亚，不丹，孟加拉国，
较高	立陶宛，波兰，爱沙尼亚，土耳其，保加利亚，马其顿王国，罗马尼亚，泰国，塞尔维亚，格鲁吉亚，约旦，乌克兰，埃及，越南
非常高	中国，菲律宾，印度，巴基斯坦

资料来源：根据文献 18 整理得出。

---

① http://www.nrdc.cn/information/informationinfo?id=191&cook=2

　　中亚地区干旱区地域广阔，东南亚的泰国、印度属南亚，菲律宾和南亚印度等国光照资源好，适合建大型太阳能电站。而作为"一带一路"倡议的发起国，中国已经在可再生能源利用方面进行了多样化尝试，为全球可再生能源降低成本走出了一条富有启发性的路径。中国在青海有装机容量达 1 吉瓦的光伏和水电互补项目。非洲有些地区的水电站加上光伏发电可以实现稳定的电力供应。中国愿意和世界上可再生能源发展良好的国家和国际组织一起，在沿线地区推广清洁可再生能源。中国在水电、光伏、风电、太阳能热水器等领域已与全球 80 多个国家开展了合作。2017 年，中国重点在摩洛哥、非洲地区以及南美地区开展清洁可再生能源的相关合作。此外，中国政府鼓励具有优势的中国企业按照互利共赢原则，不断加强国内外技术和产业链合作，联合推进光热发电、储能、智能电网、先进风电机组等技术产业化和示范项目建设，促进成本快速下降、尽快形成大规模应用条件，共同推动全球能源转型。

　　在光伏发电方面，清华大学与哈佛大学联合团队通过建立太阳能光伏发电潜力综合评估模型和太阳能光伏阵列模型，量化评估了沿线 66 个国家的太阳能光伏发电潜力及装机潜力（图 2–9）。沿线国家太阳能光伏发电年发电潜力总量达 448.9 万亿千瓦时，相当于 2016 年该区域电力总需求的 41.3 倍，开发利用 3.7% 的光伏发电潜力即可满足整个地区 2030 年的电力需求，相应的光伏装机潜力达到 265.9 万亿瓦，是 2017 年全球太阳能光伏装机容量的 600 余倍。研究同时表明，光伏发电将有助于降低二氧化碳排放大国的碳排放并满足缺电国家的能源需求：中国、印度、伊朗与沙特阿拉伯四个国家 2017 年二氧化碳总排放量达 132 亿吨，占全球排放总量的 39.4%。据估计，这些国家的太阳能发电潜力高达 238.2 万亿千瓦时，占沿线地区太阳能发电潜力的 53.1%。如果这些国家 30% 的电力需求由太阳能发电提供，每年可减少约 24 亿吨二氧化碳的排放，相当于全球碳排放减少 7.2%（Chen *et al.*，2019）。

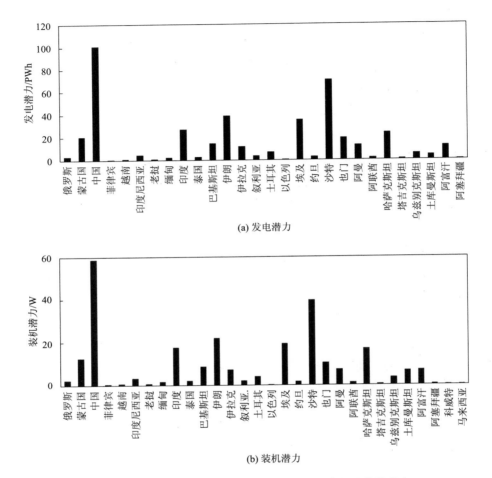

图 2–9 "一带一路"沿线国家太阳能光伏年发电及装机潜力

资料来源:根据参考文献 17 汇总整理得出。

该项研究也发现,沿线国家的太阳能发电潜力与电力需求区域差异明显。从区域层面看,西亚和东亚国家的年发电潜力最大,太阳能发电潜力分别达到 207.7 和 122.0 万亿千瓦时,合计占沿线地区太阳能发电潜力的 73.4%。而独联体国家和中东欧国家的潜力则分别为 4.7 和 1.5 万亿千瓦时。从国家层面看,65 个沿线国家中有 63 个国家的用电量仅占全区域的 30.1%,但太阳能发电潜力占比高达 70.7%。沿线国家太阳能发电潜力与电力需求时空上的不匹配，为沿线地区太阳能合作提供了思路和借鉴。

（三）碳捕集、利用与封存技术减排领域

碳捕集、利用与封存（Carbon Capture，Utilization，and Storage，CCUS）技术可以直接从工业排放源捕获二氧化碳，埋存到地下，实现二氧化碳与大气的隔绝，因而受到世界各国的广泛关注（IPCC，2014）。但随着 CCUS 技术的发展，一些相关的风险和经济问题也不断出现（Minchener，2014）。尤其在发展中国家，难以承担 CCUS 项目的巨大成本，更不用说大规模的应用。"一带一路"沿线国家有丰富的油气资源，这些条件都为促进 CCUS 的发展提供了良好的机遇。此外，沿线国家为了应对气候变化、落实 NDC 目标、实现各国经济社会可持续发展，在增强岩石风化、促进减排目标实现、发展可再生能源、提高终端能效、优化产业结构等方面采取积极有效措施，秉持"绿色发展"的原则，加强合作共同遏制碳排放增长。

"一带一路"沿线国家在油气藏中二氧化碳的 CCUS 理论埋存潜力预估达到 6200 亿吨的二氧化碳（图 2–10），相当于沿线国家到 2030 年自主贡献（NDC）累积减碳量的五倍。此外，IEA 预测到 2050 年 CCUS 技术的减碳量将占到累计减碳总量的 13% 左右。这些都显示 CCUS 技术将为沿线国家自主贡献减排做出巨大的贡献（IEA，2015）。

近年来，沿线国家开始重视 CCUS 技术，部分国家专门成立了 CCUS 中心，颁布了相应的 CCUS 指导政策，积极推动 CCUS 技术的发展。但是相对于发达国家，"一带一路"沿线国家的 CCUS 技术发展相对缓慢，普遍缺乏严格的应对气候变化政策来推动对 CCUS 的投资。目前，只有中国、沙特阿拉伯和阿联酋三个国家开展了 CCUS 的项目，每年的总捕集容量为 222.5～235.3 万吨。相对于每年的碳排放量而言，目前 CCUS 技术在沿线国家碳减排中的作用较小，离大规模的实施还有很长的路要走（孙丽丽等，2020；Global

CCS Institute，2015）。

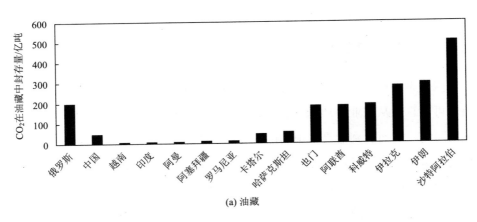

(a) 油藏

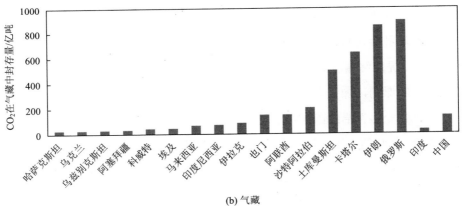

(b) 气藏

图 2-10   "一带一路"沿线国家 CCUS 理论二氧化碳封存量

资料来源：根据参考文献 8 整理得出。

三、自主减排措施

（一）政策和市场措施

在减排政策方面（表 2-6），多数国家针对能源的有效使用和保护制定了若干措施。比如，文莱对于非柱状建筑颁布了能源效益及节约的指引；印度制定了《节约能源法》以及各种创新的政策措施，以期有效地利用能源；孟加拉国根据《能源效率和节约总体规划》，开展能源审计，促进工业部门、商业部门以及个人家庭采用能源效率和节约措施，另外还建立了政策机制，鼓励市民使用更先进（更有效率）的气体炉灶。

表 2–6　"一带一路"沿线国家自主减排政策管理措施

政策措施	国家
能源有效使用和保护政策	乌兹别克斯坦、马来西亚、文莱、印度、孟加拉国、阿尔巴尼亚、乌克兰、土耳其、巴林、黎巴嫩、约旦、格鲁吉亚、阿塞拜疆
促进新能源的税收优惠政策、完善环境收费制度、健全金融机制、减少能源补贴、健全气候变化灾害保险政策、电价改革	中国、蒙古国、巴基斯坦、斯里兰卡、土耳其、伊朗、阿联酋、科威特、文莱
完善运输、建筑物、产品标准执行机制	蒙古国、文莱、斯里兰卡、阿联酋、卡塔尔、巴林、约旦
国家林业政策、生物多样性政策、土地管理措施、农业管理、资源战略、环境保护	老挝、马来西亚、不丹、阿联酋、卡塔尔、巴林、黎巴嫩、也门、乌兹别克斯坦、乌克兰
废物管理	马来西亚、孟加拉国、斯里兰卡、阿联酋
低碳城市框架	中国、马来西亚
提高公民意识、个人交通方式需求侧管理	文莱、印度、不丹
产业管理	斯里兰卡
推进碳排放权交易市场建设	中国
国际市场机制净贡献	哈萨克斯坦、新加坡、孟加拉国
清洁发展机制	不丹

资料来源：根据各国提交的自主贡献报告整理得出。

在财政方面，若干国家表示要落实促进新能源发展的税收优惠政策（如中国和巴基斯坦）；完善环境收费制度（蒙古国）；通过奖励制度鼓励行业减少温室气体排放（斯里兰卡）；建立健全金融机制（伊朗）；减少能源补贴（伊朗和科威特）；电价改革（文莱）等。在运输、建筑物、产品标准方面，蒙古国对公路车辆和非公路运输标准的执行机制进行了完善；文莱制定了产品和器具的标准，制定了建筑准则（即所有建筑物，包括商业及住宅区、工业大厦及政府大楼，均须预留或保留 10% 的土地作休憩用地或绿地）；斯里兰卡表示将要实施车辆排放标准；阿联酋则通过了绿色建筑法规和效率标准，确定建筑部门的排放量。同时确定了制冷、设备照明和其他设备的效率标准，根据欧洲排放标准调整了新机动车辆的排放标准。卡塔尔和巴林也改进了汽车的排放标准。

还有沿线国家在农业、林草、土地、生物多样性等资源管理方面制定了措施。例如，老挝颁布了森林恢复投资政策；阿联酋制定了国家生物多样性战略行动计划和可持续渔业计划。在水资源方面，卡塔尔通过了国家水法，巴林制定了综合水资源战略；黎巴嫩对水资源、森林和生物多样性管理进行了考虑；也门部署了农业和生物多样性等方面的战略计划。乌兹别克斯坦、马来西亚、乌克兰在环境保护方面制定了相关政策。

由于废弃物也是温室其他排放的主要部分，马来西亚、孟加拉国、斯里兰卡、阿联酋制定了废物管理的相关措施。如：马来西亚的国家固体废物管理战略规划；孟加拉国的都市废弃物管理计划；斯里兰卡的废物收集机制；阿联酋的废物监管法律。另外，中国和马来西亚构建了低碳城市框架；文莱、印度、不丹提出要通过提高公民意识来降低温室气体排放。例如，印度宪法第 51-A 条规定，保护和改善包括森林、湖泊、河流和野生动物在内的自然环境，是每一个公民的基本义务；斯里兰卡表示要通过引入生命周期管理和产业共生来绿化供应链，实现零浪费管理。

一些国家期望通过市场机制控制温室气体的排放。例如，中国推进了碳排放权交易市场建设；哈萨克斯坦、新加坡、孟加拉国考虑了国际市场机制的净贡献；不丹在清洁发展机制或其他气候市场机制的支持下，寻求可持续和清洁的水电开发，通过出口过剩电力减少不丹的排放。

（二）能源和产业结构调整

中国、塔吉克斯坦、乌兹别克斯坦、土库曼斯坦、蒙古国、老挝、柬埔寨、文莱、菲律宾、印度、巴基斯坦、孟加拉国、阿富汗、不丹、斯里兰卡、黑山、波黑、土耳其、伊朗、阿联酋、沙特阿拉伯、卡塔尔、巴林、科威特、黎巴嫩、也门、约旦、以色列、阿塞拜疆等国家表示要进行能源结构调整（表2–7），一方面控制传统化石能源的消耗量，另一方面大力发展可再生能源。

表 2–7　"一带一路"沿线国家自主减排能源和产业结构调整措施

能源和产业结构调整措施	国家
减少化石能源的使用	中国、以色列
可再生能源的电力开发	中国、老挝、阿塞拜疆、乌兹别克斯坦、斯里兰卡、巴林
新能源在交通运输中的使用	中国、阿联酋、蒙古国、文莱、柬埔寨、印度、土耳其
新能源在家庭生活、灌溉等方面的应用推广	也门、柬埔寨
严控高耗能、高排放行业扩张，加快淘汰落后产能	中国
产业结构调整、现代化和多样化	中国、乌兹别克斯坦

资料来源：根据各国提交的自主贡献报告整理得出。

大多数国家积极进行了可再生能源的电力开发。例如，中国在做好生态环境保护和移民安置的前提下推进水电开发，安全高效发展核电，大力发展风电，加快发展太阳能发电；老挝筹建了农村电气化项目；阿塞拜疆建设小型水电站；乌兹别克斯坦集约建设大型太阳能光伏电站，建立沼气发电厂，扩大风力发电规模；斯里兰卡在发电过程中加大了对生物质（燃料木材）和废物（城市废物、工业和农业废物）利用；巴林进行太阳能/风能的并网电厂试验。

若干国家大力发展了新能源在交通运输中的使用。例如，中国鼓励开发使用新能源车船等低碳环保交通运输工具，提升燃油品质，推广新型替代燃料；阿联酋推动了电动汽车的使用，将 25% 的政府车辆改造成为天然气燃料的新型车；蒙古国、文莱和柬埔寨推广电动和混合动力汽车；印度铁路公司在其客车车顶安装太阳能；土耳其实施绿色港口和绿色机场项目。

此外，黎巴嫩探索了海上天然气生产。在家庭应用方面，也门使用太阳能热水器代替电热水器，积极推动了太阳能驱动空调的使用；柬埔寨利用可再生能源和太阳能灯进行灌溉；以色列提高燃料中煤炭向天然气的转换。

对产业结构进行调整的国家相对较少，采取的措施主要是控制高耗能产业，大力发展服务业和战略性新兴产业。例如，中国严控高耗能、高排放行业扩张，加快淘汰落后产能，大力发展服务业和战略性新兴产业；不丹促进了对价值链高端新产业、绿色产业和服务业的投资；卡塔尔推进了可持续的旅游业发展。

（三）技术措施

为了控制温室气体排放，"一带一路"沿线国家在各个领域制定了提高技术水平的措施（表 2-8）。首先是加强气候变化基础科学研究。例如，中国和乌兹别克斯坦均表示要提高应对气候变化基础科学研究水平，开展气候变化监测预测研究，加强气候变化影响、风险机理与评估方法研究；文莱正在研究减少天然气开采过程中甲烷和二氧化碳排放的措施。其次，大多数国家积极推进了节能降耗、能源高效利用的技术发展。比如：降低能源开采、加工和运输时的损失（乌兹别克斯坦）；减少建筑物的热损失（蒙古国）；燃煤电厂转向超临界技术（印度）；天然气勘探和储层管理技术（孟加拉国）；在供暖系统中使用现代节能技术（阿塞拜疆）。

表 2–8　"一带一路"沿线国家自主减排技术措施

措施	国家
加强气候变化基础科学研究	中国、乌兹别克斯坦、老挝、文莱、土耳其、阿联酋、也门
节能降耗、高效能源利用技术的发展	中国、哈萨克斯坦、塔吉克斯坦、乌兹别克斯坦、蒙古国、柬埔寨、菲律宾、印度、巴基斯坦、孟加拉国、尼泊尔、斯里兰卡、黑山、波黑、土耳其、伊朗、阿联酋、卡塔尔、巴林、黎巴嫩、约旦、阿塞拜疆
碳捕集利用和封存等低碳技术的研发	中国、土耳其、阿联酋、沙特阿拉伯
气候变化监测预警系统	伊朗、乌兹别克斯坦、中国、以色列
冷却技术	科威特、阿联酋、约旦
发展实践现代、生态友好、气候智能的农业技术	中国、孟加拉国、土耳其、伊朗、不丹、格鲁吉亚
水资源管理技术	中国、阿联酋、也门、卡塔尔、沙特阿拉伯、伊朗、格鲁吉亚
加强应对气候变化专业人才培养	中国、乌兹别克斯坦
其他	不丹、伊朗

资料来源：根据各国提交的自主贡献报告整理得出。

　　此外，中国、土耳其、阿联酋、沙特阿拉伯等国进行了碳捕集利用和封存等低碳技术的研发。伊朗、乌兹别克斯坦、中国、以色列等国开发了气候变化监测预警系统，对气候极端事件、沙尘暴进行早期预警，监测温室气体排放等。科威特、阿联酋、约旦发展了冷却技术。如约旦尝试改变过去分散式冷却、开发实施在商业和工业设施中使用太阳能冷却。中国、孟加拉国、土耳其、伊朗、不丹、格鲁吉亚发展现代、生态友好、气候智能的农业技术，包括开发生物固氮、病虫害绿色防控、设施农业技术；提高农业机械化程度、实践现代农场，控制肥料的使用；整合可持续土壤和土地管理技术和方法等。中国、阿联酋、也门、卡塔尔、沙特阿拉伯、伊朗、格鲁吉亚对水资源管理技术进行了关注，尤其强调了综合节水、海水淡化等技术的强化。另外，中国和乌兹别克斯坦提出了加强应对气候变化的专业人才培养。此外，不丹推广使用适当的智能运输系统。伊朗发展工业新型无害环境技术以及森林灭火系统。

四、自主减排方案

从"一带一路"沿线各国提交的自主贡献文件中可以看出，未来不同国家实现低碳发展的目标预期有所不同。沿线国家根据各自的国情和能力，提出了多样化的自主贡献减排方案。相对发达的经济体提出了更加明确的减排目标，而大多数发展中的经济体给出了碳强度下降目标、偏离基准情景和行动目标等。同时，各国为实现国家自主贡献减缓目标制定了相应的政策和措施（表 2-9）。在电力减排领域，绝大部分沿线国家都提出发展可再生能源/清洁能源以及提高能效的政策措施；在交通部门，减排行动聚焦于提高燃油经济性和机动车排放标准、促进清洁燃料和技术应用、改善路网、发展公共交通等领域。农业方面，主要包括加强土地管理和促进农业和畜牧业减排；林业部门的减排关键在于增加林业碳汇、积极参与 REDD+[①]机制。参与减少发展中国家因森林砍伐和森林退化而产生的温室气体排放（Reducing greenhousegas Emissions from Deforestation and forest Degradation，REDD+）项目工业部门包括促进工业节能和推动工业现代化。另外，部分国家提出废弃物处理方面的减排措施。同时也有越来越多的国家利用市场机制、征收碳税、提高全社会低碳意识，促进温室气体减排。

---

① REDD+, Reducing Emissions from Deforestation and forest Degradation, plus the sustainable management of forests, and the conservation and enhancement of forest carbon stocks. "减少发展中国家因森林砍伐和森林退化所致排放量，加上森林可持续管理及保护和加强森林碳储量"机制。

表 2-9　"一带一路"沿线国家减缓气候变化政策和行动

行业	减排政策与行动	国家
电力	发展可再生或清洁能源	绝大部分"一带一路"沿线国家
	提高能效	
交通	改善路网，加强管理	蒙古国、阿联酋、约旦、泰国、马其顿、老挝
	推广新能源汽车（混合动力或电动、使用生物燃料）	蒙古国、阿联酋、印度、尼泊尔、越南、文莱、阿塞拜疆、斯里兰卡
	发展公共交通、加强城市可持续交通建设	以色列、土耳其、斯里兰卡、泰国、越南、阿塞拜疆、马其顿、柬埔寨
	提高燃油经济性、通过经济手段推动清洁燃料应用	蒙古国、阿联酋、泰国、文莱
	提高能效和货物运输效率	塔吉克斯坦、也门、巴林、土耳其、不丹
	探索公路运输以外的其他运输方式	不丹
农业	加强土地管理	也门、塔吉克斯坦
	促进农业和畜牧业减排	蒙古国、阿塞拜疆
	有机农业和生态友好型农场设计	不丹
	改善畜禽品种，包括保护本地遗传基因库/多样性	不丹
林业	增加林业碳汇	约旦、印度、尼泊尔、斯里兰卡、老挝、阿塞拜疆、白俄罗斯、中国
	参与 REDD+机制	缅甸、泰国、越南
工业	促进工业节能	蒙古国、土耳其、印度、斯里兰卡
	推动工业现代化	塔吉克斯坦、斯里兰卡
废弃物	加强废物管理	阿联酋、泰国、文莱、印尼、阿塞拜疆、不丹、斯里兰卡
	废弃物循环利用（如填埋气体用于发电等）	约旦、也门、印度、尼泊尔、泰国、越南、印尼
市场机制	碳交易市场	中国、哈萨克斯坦、新西兰

资料来源：根据参考文献 1 整理得出。

第三节　自主贡献减排及意义

通过对各国碳排放、各国自主贡献目标、措施及方案的梳理评估，我们全面系统地了解到"一带一路"沿线各国应对气候变化及国际合作的决心和积极贡献。虽然离全球 2 摄氏度温控目标所要求的减排份额有差距，但各国的自主贡献对沿线地区甚至全世界的低碳转型、能源转型、电力系统脱碳、能源供应投资、碳价等都具有一定影响。本节采用国家应对气候变化战略研究和国际合作中心研发的"一带一路"综合评估模型，评估沿线国家的自主贡献的意义，以及实现 2 摄氏度温升目标的潜力。

一、模型及情景设置

国家应对气候变化战略研究和国际合作中心研发的"一带一路"综合评估模型（The Belt and Road Integrated Assessment Model，BRIAM）是基于通用数学建模系统（General Algebraic Modeling System，GAMS）和全球贸易分析数据库（Global Trade Analysis Project Date Base，GTAP）平台开发、主要用于评估沿线国家自主贡献实施、减缓和适应气候变化、可持续基础设施建设、绿色投资和贸易的动态混合模型系统，其具体架构如图 2-11 所示，评估不同气候政策目标下的转型需求以及相应的影响。

BRIAM 模型以"一带一路"建设和国际合作中的设施联通、贸易畅通、资金融通这"三通"为主要评估对象，通过模拟能源、经济、环境、气候等耦合系统间的交互关系，以包含不同政策变量的情景分析和系统优化方法，来重点描述和研究沿线国家中长期温室气体低排放和气候适应型发展战略、气候公共资金和国际碳市场机制、低碳技术研发和转移、投资和建设的气候风险管理、提高行动和支持力度、加强国际合作、非国家主体参与等关键科学问题，为决策者提供参考信息。BRIAM 模型采用了"自上而下"的一般均衡模块与"自下而上"的系统优化模块、基于主体的系统方正模块灵活连接的方式，综合评估"一带一路"建设和国际合作中大跨度多学科交叉的复杂性问题，并尝试应用大数据、深度学习等新技术不断改进模型模拟的精度、广度和深度。

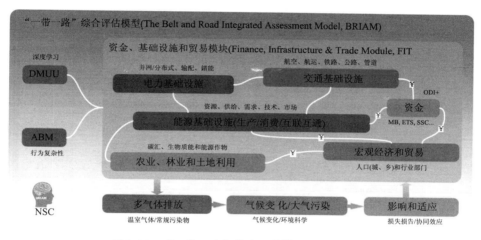

图 2-11　"一带一路"综合评估模型（BRIAM）

资料来源：根据"一带一路"综合评估模型绘制得出。

BRIAM 模型将"一带一路"问题放在全球大背景下来分析和研究，也特别强调"一带一路"沿线国家和其他国家之间的交互作用及两者之间的动态演变。模型在政府间气候变化专门委员会（Intergovernmental Panel on Climate Change，IPCC）5 分区（RC5）的基础上，按照发达国家/发展中国家，沿线国家/其他国家的划分原则进一步做了细化（表 2-10），形成了包括欧盟（EU28 和 EU28-BRI）、美国（USA）、日本（JPN）、东欧和部分苏联地区经济转型国家（EIT-BRI 和 EIT-AI-BRI）、其他 OECD 国家（XOECD90 和 XOECD90-BRI）、中国（CHN-BRI）、印度（IND-BRI）、韩国（KOR-BRI）、东盟国家

（ASEAN-BRI）、其他亚洲国家（X-ASIA 和 X-ASIA-BRI）、拉丁美洲和加勒比地区国家（LAM 和 LAM-BRI）、中东和北非地区国家（MNA-BRI）、撒哈拉以南非洲地区国家（SSA 和 SSA-BRI）、国际航空航海在内的 20 个分区，由于数据可行性问题，X-ASIA 分区并未纳入计算。

表 2-10   "一带一路"综合评估模型（BRIAM）的分区

发展中国家（191 个）：			
CHN-BRI	1	/	/
IND-BRI	1	/	/
KOR-BRI	1	/	/
ASEAN-BRI	12	/	/
X-ASIA-BRI	10	X-ASIA	25
MNA-BRI	21	/	/
SSA-BRI	28	SSA	22
LAM-BRI	9	LAM	44
EIT-BRI	14	/	/
发达国家（56 个）：			
EU28-BRI	13	EU28	15
EIT-AI-BRI	17	/	/
/	/	USA	1
/	/	JPN	1
XOECD90-BRI	2	XOECD90	21
国际航空航海			

BRIAM 模型以 2015 年为基年，一般以 5 年为步长，时间跨度至 2100 年。模型模拟各类活动中温室气体排放，其中包括京都议定书中所规定的二氧化碳（CO_2）、甲烷（CH_4）、氧化亚氮（N_2O）、氢氟碳化物（HFCs）、全氟碳化物（PFCs）、六氟化硫（SF_6）共六种具有直接辐射强迫影响的温室气体。前三

者在能源、工业和农业部门都有产生，后三者主要由工业部门产生，尤其是作为氟利昂（CFCs）替代物的以 HFC–134a 为代表的短生命期的氢氟碳化物（Short-lived HFCs）和以 HFC–23、CF4 和 SF$_6$ 为代表的长生命期的氟化物（Long-lived Fluorinated Gas）。此外，影响大气化学成分和辐射强迫的其他温室气体也在模型中进行了模拟，包括碳气溶胶（Carbonaceous Aerosol）。

为分析"一带一路"沿线地区为了实现国家自主贡献目标和全球 2 摄氏度温升目标而需实施的减缓气候变化政策，该研究基于 BRIAM 模型设置了三类情景，即现有政策情景（CPS）、国家自主贡献情景（NDCS）和全球 2 摄氏度温升目标情景（2 摄氏度），具体情景定义如表 2–11 所示。

表 2–11　"一带一路"综合评估模型（**BRIAM**）情景设置

	近中期政策	加速转型始于	长期目标	实现 2 摄氏度的可能性	额外政策
现有政策情景（CPS）	截至 2015 年的政策	—	—	0%	—
国家自主贡献情景（NDCS）	2030 年国家自主贡献目标	2030	—	几乎不可能	有/无资金支持
全球 2 摄氏度温升目标情景（2 摄氏度）	2020 年坎昆目标	2020	2 摄氏度	66%	有/无责任分担

资料来源：根据"一带一路"综合评估模型中的情景设置，整理得出。

其中，现有政策情景下沿线国家将延续 2015 年正在执行的现有应对气候变化政策，其中发达国家参考 2020 年前《京都议定书》或《公约》下量化减排目标，发展中国家参考《公约》下 2020 年前国家适当减缓行动（Nationally Appropriate Mitigation Actions，NAMAs）；国家自主贡献情景以沿线国家 2015 年以来向联合国递交的国家自主贡献文件中承诺的减排目标为约束条件，并在发展中国家中基于是否需要国际资金支持分为有条件的国家自主贡献目标和无条件的国家自主贡献目标两类；全球 2 摄氏度温升目标情景以 21 世纪末全球有 66% 的可能性实现 2 摄氏度目标为约束条件，假设各国 2020 年后在现有国家自主贡献目标基础上进一步提高减排力度，考虑采用成本最小的方式为沿线国家设定增强的国家贡献，弥补当前存在的减排差距。

模型将给出不同情景下不同区域的经济总量和结构、能源消费总量和结构、二氧化碳排放总量、气候变化影响损失、投资需求和缺口、碳价水平、新增就业、环境协同效应等数据信息，同时可以模拟不同政策组合，并基于分析结果给出政策建议。

如何在各国间分配排放空间/减排责任，是实现 2 摄氏度温升目标情景不可回避的核心问题。IPCC 第五次评估报告（AR5）通过总结现有全球减排方案研究，提出了四个在现有努力分担方案中通常被考虑的维度：责任，平等，能力和需求，以及成本有效性（图 2–12）。

（1）责任原则：基于"污染者付费"原理，强调全球气候变化历史责任更大的国家需要负担更多的减排责任。所谓造成全球气候变化的历史责任，主要由一国的历史累积排放来衡量。

（2）能力和需求原则：强调减排能力更强的国家，应当负担更大的减排义务。代表实施应对气候变化措施所需资源的可获取程度。各国的能力通常由 GDP（或人均 GDP）或人类发展指数（Human Development Index，HDI）来衡量。也有一些研究考虑了基本需求和发展权，强调一国在承担减排责任之前，有权利先满足基本生活和发展需求。

（3）平等原则：基于平等主义伦理，强调每一个人不管其国籍、性别、年龄、能力和地位，都拥有权利排放同等数量的温室气体，亦即有权利获得同等数量的排放份额。在努力分担方案中，平等原则通常通过人均排放趋同来体现，趋同的路径和时间可以有所不同。

（4）成本有效性原则：伦理基础来自功利主义，强调根据各国的减排潜力来分配排放配额，减排潜力大、减排成本低的国家承担更大的减排份额。边际减排成本通常作为衡量成本有效性的指标。

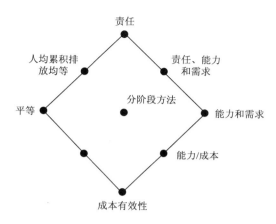

图 2–12 全球减排方案考虑的公平原则

基于历史责任、能力和需求、平等、成本有效等公平维度或不同维度的组合，现有研究提出了多种多样的全球减排方案。考虑责任的分配方案，即考虑各国对全球历史排放和温升目标的共同但有区别的责任，如巴西案文。考虑能力和发展需求的分配方案，即考虑各国不同的减缓气候变化能力或支付能力以及基本发展需求，如基于人均 GDP 分配。考虑平等的分配方案，即考虑所有人具有平等的排污权利和不受污染的权利，如考虑人均排放趋同的紧缩趋同方案。考虑成本有效原则的分配方案，即考虑各国减排潜力和成本最优的减排方案，如全球单一碳价方案。综合考虑责任、能力和发展需求的方案，如温室气体排放发展权利方案（GDR）。综合考虑责任和平等的方案，如人均历史累积排放方案。综合考虑责任、平等、能力和发展需求的分阶段方案（Staged Approach），包括多阶段方案（M6）、共同但有区别趋同方案（CDC）、多指标趋同方案（MCC）、以人均收入水平为阈值的多阶段方案（MS-AP）、基于行业减排的 Triptych 方案、G8 方案和南北对话方案等。

需要注意的是，如上述将全球排放空间和减排责任分摊到各区域需要基于一系列的评价指标和分配方法学。指标选取会对应用分配方案的结果产生很大影响。如在描述历史责任时，以 1750 年还是 1990 年为起始年，会对各国历史排放分布产生重要影响。在现实的政策讨论中，由于各方很难就相应的方法学和指标选取达成一致，因此公平分配方法很难在实际中得到应用。考虑到本研究侧重评估的是不同气候政策的影响，因此将侧重考虑成本有效情况下对沿线国家各部门的转型要求，而不再讨论不同公平分配方案下沿线国家的减排责任/义务问题。

二、社会经济假设

"一带一路"沿线国家未来的低碳转型首先需要满足社会经济发展的需求。因此，本报告中模拟的三类情景建立在一系列影响排放总体趋势的经济和人口的假设的基础上。

基于沿线各国当前的发展水平和发展阶段，参考联合国人居署和世行、国际货币基金组织（International Monetary Fund，IMF）、国际能源署（International Energy Agency，IEA）等的预测，BRIAM对沿线国家和其他国家2100年前的经济发展和人口进行了假设,结果如图2–13和图2–14所示。需要说明的是，不同情景采用了同样的人口和经济增速假设。

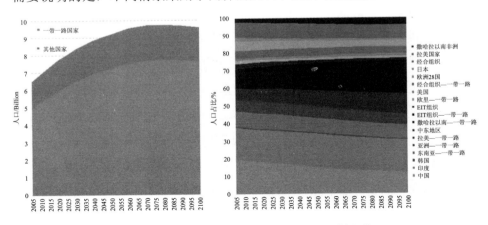

图2–13　"一带一路"国家和其他国家人口增长情况

资料来源：根据 BRIAM 模型计算得出。

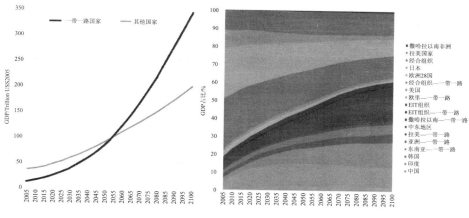

图 2-14 "一带一路"国家和其他国家经济增长情况

资料来源：根据 BRIAM 模型计算得出。

人口方面，"一带一路"沿线国家人口在 2050 年前将保持持续增长，是世界人口增长的主要来源；全球人口将从 2015 年的 73 亿上升到 2050 年的 92 亿，其中沿线国家人口将从 2015 年的 57 亿上涨到 2050 年的 72 亿；沿线国家人口的全球占比将从 77%增长至 79%，人口增量将是其他国家的 5 倍。分区域看，撒哈拉以南非洲地区、印度、中东和北非地区、东盟是沿线地区主要的人口增长区，2015~2050 年期间人口增量分别达到 5.4 亿、4.2 亿、3.4 亿和 1.2 亿。中国人口将在 2030~2040 年间达峰，随后缓慢下降。经济转型国家和日本等国的人口将出现负增长。

经济方面，目前沿线国家相比其他国家经济发展水平较为落后，经济总量较低，但增速较快。模型假设未来沿线国家将持续保持较高的经济增长速率。2015~2050 年，沿线国家的年均 GDP 增速将达 4.3%，是其他国家的 1.94 倍；期间经济增量将达到 66 万亿美元，超过 2015 年的全球经济总量，是其他国家的 1.29 倍；2055 年左右，沿线国家的经济总量将超过其他国家，但人均 GDP 仍远低于其他国家；2050 年，沿线国家的人均 GDP 将从 2015 年的 3 200 美元左右上涨到约 11 700 美元，与其他国家 46 000 美元的水平相比仍有较大差距；但人均 GDP 的差距在缩小，将从 2015 年占其他国家水平的 13.1%上升到 2050 年的 25.3%。分区域看，印度、非洲和东南亚是经济增速最快的地区，而中国的经济增量将达到沿线地区总量的 1/3。

三、沿线国家的自主贡献减排及意义

（一）对低碳转型的影响

不同情景下全球各区域未来二氧化碳排放趋势如图 2–15 所示。在现有政策情景下，"一带一路"沿线国家在 2100 年前均将保持持续增长，2050 年排放将达到 2015 年的 2.2 倍（同期其他国家为 1.3 倍）。在 NDC 情景下，为实现国家自主贡献目标，沿线国家未来二氧化碳排放的增速相比基准情景将大幅降低，2030 年和 2050 年的二氧化碳排放量分别在现有政策情景的基础上下降 10.3%和 20.7%，2015～2050 年平均增速也降为 1.56%。2050 年后，沿线国家的二氧化碳排放将进入一个相对稳定的平台期，2050～2060 年二氧化碳排放增量将不到 10 亿吨。这些都展现了沿线国家对碳减排的努力。然而，由于同期其他国家的二氧化碳保持持续平稳下降的趋势（到 2100 年左右实现近零排放），沿线国家二氧化碳排放的全球占比将从 2015 年的 65.5%上升到 2050 年的 85.0%。在 2 摄氏度情景下，为实现全球 2 摄氏度温升目标，在全球碳预算的限制下沿线国家需要在 2020 年开始加速转型，碳排放总量快速下降，2030 年和 2050 年的二氧化碳排放需分别在 NDC 情景的基础上进一步下降 33.8%和 83.7%，相对 2005 年分别上升 17.6%和下降 62.4%；同时，沿线国家二氧化碳排放需在 2070 年左右达到零排放并在其后实现负排放，其他国家将在 2050 年左右达到零排放。

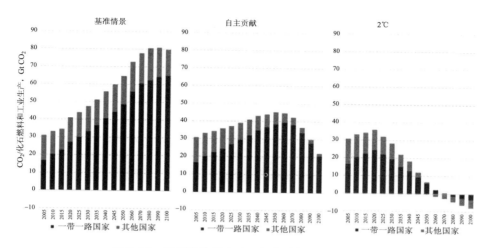

图 2–15 不同情景下全球二氧化碳排放的地区分布

资料来源：根据 BRIAM 模型计算得出。

从单位 GDP 的二氧化碳排放强度看，在 NDC 情景下，沿线国家 2030 和 2050 年的二氧化碳排放强度分别在 2015 年的水平上降低 37% 和 63%。在 2 摄氏度情景下，2030 和 2050 年的二氧化碳排放强度将分别在 2015 年的水平上降低 58% 和 94%。从人均排放看，在现有政策情景、NDC 情景和 2 摄氏度情景下，沿线国家 2050 年的人均二氧化碳将分别达到 6.3 吨/人、5.3 吨/人和 0.9 吨/人，分别相当于其他国家 2015 年水平的 95%、75% 和 12%。分部门看（图 2–16），在 NDC 情景下，能源供应部门将以较快速率脱碳，占总排放比重将从 2015 年的 44.5%，下降到 2030 年的 39.7% 和 2050 年的 36.8%，2100 年将实现近零排放；在 2 摄氏度情景下，各部门排放均将大幅下降，终端部门电气化和能源部门脱碳的趋势显著，能源供应部门的二氧化碳排放在 2045 年左右将实现零排放，并在随后实现负排放，剩余排放主要分布在难以电气化的工业和交通部门。

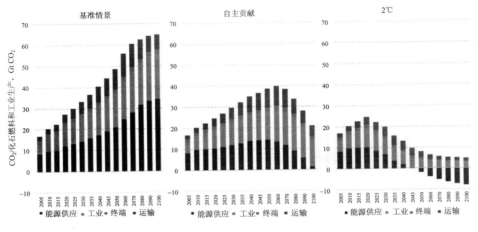

图 2-16　不同情景下"一带一路"沿线国家二氧化碳排放的部门分布

资料来源：根据 BRIAM 模型计算得出。

（二）对能源转型的影响

实施能源生产和消费革命是"一带一路"沿线国家实现国家自主贡献目标和 2 摄氏度温控目标的关键领域和主要途径。根据各国自主贡献中提出的减排目标和 2 摄氏度温控目标下全球碳预算要求，基于各地区既有的能源结构、发展阶段、资源禀赋和减排成本，不同情景下对沿线国家能源转型的影响如图 2-17 所示。

从能源消费总量看，沿线国家将是未来全球能源消费的主要来源。各情景下沿线国家的一次能源消费均将保持上涨趋势，但涨幅有所区别。由于能效改善，NDC 情景下的一次能源消费将在现有政策情景的基础上有小幅下降；而在 2 摄氏度下，由于提高能效、通过结构变革和可持续消费降低能源服务需求、提高终端电气化率等政策，能源消费降幅明显，2030 年和 2050 年的一次能源消费相对 NDC 情景将分别下降 19% 和 26%。在 NDC 情景下，沿线国家一次能源消费的全球占比将从 2015 年的 60.1% 增加到 2050 年的 74.6%，2015～2050 年沿线国家一次能源消费增量占同期全球能源消费增量的 97.2%；而在 2 摄氏度情景下，沿线国家一次能源消费的全球占比将从 2015年的 60.1% 增加到 2050 年的 68.7%，2015～2050 年沿线国家一次能源消费增量占同期全球能源消费增量的 96.3%。

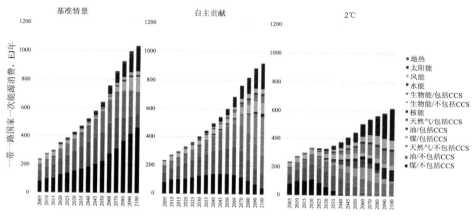

图 2-17　不同情景下"一带一路"沿线国家的一次能源消费结构

资料来源：根据 BRIAM 模型计算得出。

从单位 GDP 的能源强度看，在 NDC 情景下，沿线国家 2030 和 2050 年的能源强度分别在 2015 年的水平上降低 35% 和 56%；在 2 摄氏度情景下，2030 和 2050 年的能源强度将分别在 2015 年的水平上降低 47% 和 67%。

从人均能源消费看，在现有政策情景、NDC 情景和 2 摄氏度情景下，沿线国家 2050 年的人均能源消费将分别达到 89 吉焦/人（1 吉焦=10^9 焦）、83 吉焦/人和 61 吉焦/人，分别相当于其他国家 2015 年水平的 75%、70% 和 52%。

从能源结构看，实现各国自主贡献中提出的减排目标和全球 2 摄氏度温控目标均依赖于能源结构调整，未来沿线国家的能源消费总量会保持增长的态势，但细分能源结构将从高碳能源转向低碳能源，转型幅度依赖于减排目标的力度。在现有政策情景下，煤炭仍将是沿线国家未来主要的能源来源，能源供应主要依赖化石能源；在 NDC 情景下，沿线国家的煤炭消费虽然在

2050 年前仍有小幅增长，但涨幅明显下降，2050 年的非化石能源占一次能源消费将达 36.7%。但由于各国国家自主贡献仍主要聚焦近中期，碳捕获封存等脱碳技术的应用范围有限，2050 年仅有 9.7%的化石能源消费耦合碳捕获封存技术；在 2 摄氏度情景下，沿线国家"去煤化"趋势显著，2050 年沿线国家非化石能源占一次能源消费比重将达 44.2%，同时 44.1%的化石能源和 56.7%的生物质将耦合碳捕获封存技术。得益于能源结构的调整，在 NDC 情景下，沿线国家 2030 和 2050 年的单位能源碳强度分别在 2015 年的水平上降低 2.3%和 15.4%；在 2 摄氏度情景下，2030 和 2050 年的单位能源碳强度将分别在 2015 年的水平上降低 20.3%和 81.2%。

分区域看，沿线国家中的各区域受资源禀赋影响，能源结构差异非常大。亚洲区域（图 2–18），印度在现有政策情景和 NDC 情景下的煤炭消费将有较大幅度上升，但在 2 摄氏度情景下，非化石能源，特别是风能和太阳能的比重将大幅上升；东盟国家除现有政策情景外，在 NDC 情景和 2 摄氏度情景下均不会大力发展煤炭，但油气比重显著高于中印；不管是中国、印度还是东盟，碳捕获封存技术均将在未来减排中发挥重要作用。

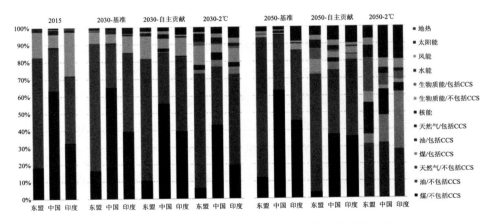

图 2–18　不同情景下中、印、东盟的一次能源消费结构变化

资料来源：根据 BRIAM 模型计算得出。

中东和非洲区域（图 2–19）的情况与亚洲有较大区别。中东和北非地区是主要的油气产区，未来主要的减排取决于碳捕获封存技术；而在撒哈拉以南非洲地区，在现有政策情景和 NDC 情景下，煤炭消费将有较大幅度的增长，而在 2 摄氏度情景下，这一地区将直接跳过化石能源而转向可再生能源，实现跨越式发展，生物质将发挥重要作用。

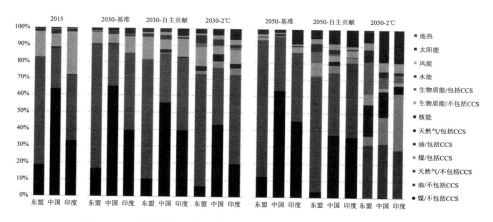

图 2–19 不同情景下中国和非洲国家的一次能源消费结构变化

资料来源：根据 BRIAM 模型计算得出。

（三）对电力系统脱碳的影响

电力系统脱碳对能源转型至关重要，不同情景下的装机容量需求和结构变化见图 2–20。在现有政策情景和 NDC 情景下，沿线国家的装机需求基本保持一致，但结构差异较大。现有政策情景下的煤电装机将在 2060 年前保持增长，而在 NDC 情景下，煤电装机将从 2030 年后出现下降。NDC 情景下的可再生能源特别是太阳能和风能的装机占比也将显著增加。天然气的装机无论在现有政策情景还是在 NDC 情景下均有较大幅度增长。

在 2 摄氏度情景下，由电气化水平提高而引致的装机需求显著增加，同时受风能/太阳能等间歇式能源年均利用小时较低的影响，进一步刺激了装机需求。电源结构的转变愈发明显，煤电基本不再增长，并在 2025 年后将出现下降；天然气发电装机的增速明显放缓，并在 2060 年后出现下降；可再生能源占比明显提高。

在 NDC 情景下，2030 年和 2050 年电力装机将分别达到 2015 年的 1.7 倍和 3.1 倍，非化石能源占电力装机的比重将分别达 30.1% 和 49.8%；而在 2 摄氏度情景下，2030 年和 2050 年电力装机将分别达到 2015 年的 1.8 倍和 3.9 倍，非化石能源占电力装机的比重将分别达 41.6% 和 71.8%。

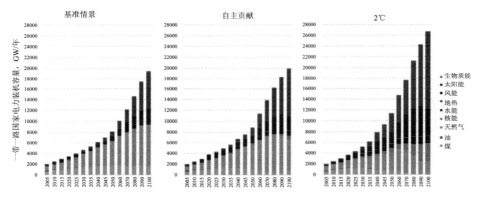

图 2-20　不同情景下"一带一路"沿线国家电源结构变化

资料来源：根据 BRIAM 模型计算得出。

（四）对能源供应投资的影响

低碳转型、能源转型和电力系统的脱碳都将对投资产生影响。本研究侧重评估对能源供应投资的影响。从图 2-21 可以看出，在现有政策情景和 NDC 情景下，沿线国家的能源供应投资需求规模差异不大，但投资结构却有较大差异，化石能源的投资需求显著下降，而非生物质可再生能源的投资需求大幅上升。

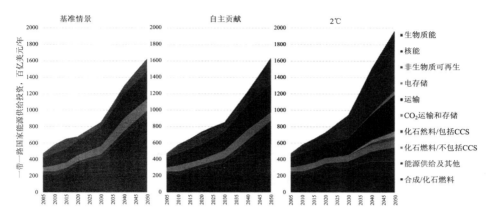

图 2-21　不同情景下"一带一路"沿线国家能源供给投资结构

资料来源：根据 BRIAM 模型计算得出。

在 2 摄氏度情景下，随着二氧化碳排放控制目标的进一步缩紧及能源结构进一步向低碳转型，沿线国家不管在投资需求还是在投资结构上都有较大变化。2050 年的投资需求将在 NDC 情景的基础上提高 20%，同时对低碳能源和配套基础设施如智能电网等的投资将大幅提高。由此可见，沿线国家提高气候资金投入和撬动气候投融资的需求非常迫切，既要不断扩大气候投融资规模，也要进一步调整气候投融资结构，加大对非可再生能源、建筑和交通部门节能、智能电网和储能、可持续基础设施等领域的投入。有必要推动"一带一路"建设的绿色化，将绿色标准作为经济发展的前提条件，将绿色产业作为经济发展的增值选项，将绿色发展作为经济发展的持续保障，利用现有的"一带一路"政府间合作平台及亚洲基础设施开发银行、丝路基金、中国气候变化南南合作基金等渠道，有效结合政府援助、国际贸易和投融资等手段，通过灵活的合作模式，广泛动员各利益相关方共同参与，让沿线国家共享"一带一路"低碳共同体建设成果、分享经济社会低碳转型的绿色效益。

（五）对能源和碳价格的影响

"一带一路"沿线国家的气候政策还将对碳价和电价等产生影响。从图2–22可以看出，随着减排力度的增加，有些国家的碳价将显著上升。在NDC情景下，2030年和2050年的碳价将分别达到22.6美元/吨二氧化碳和24.7美元/吨二氧化碳；而在2摄氏度情景下，2030年和2050年的碳价将大幅上升至56.6美元/吨二氧化碳和150.1美元/吨二氧化碳。

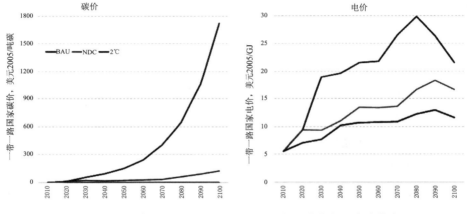

图2–22 不同情景下"一带一路"沿线国家的碳价和电力价格变化

资料来源：根据BRIAM模型计算得出。

同时，受碳价和可再生能源等发电成本相对较高的技术应用规模扩大的影响，不同情景下的电价也随着减排力度的加大有所上升。在现有政策情景下，2030年和2050年的电价将分别达到2010年的1.4倍和1.9倍；在NDC情景下，2030年和2050年的电价将分别进一步达到2010年的1.7倍和2.4倍；而在2摄氏度情景下，电价将面临大幅上升，2030年和2050年的电价将升至2010年的3.4倍和3.9倍。

上述价格的变化将直接影响相关企业的成本和收益，需采取相应的应对措施。

四、沿线国家对全球减排的贡献

"一带一路"沿线国家提出的自主贡献目标，不仅分担了大量的全球减排份额，也向世界展示了沿线国家减排的决心以及应对气候变化的责任心。因此，在建立良好生态环境以及防控环境污染和生态破坏等共同需求和责任的引领下，开展"一带一路"国际合作、建设绿色丝绸之路，推进沿线各国间的绿色投资、绿色贸易和绿色金融体系发展，不仅对于实现经济发展与环境保护的双赢有重要意义，对全球温控目标的实现也具有现实意义。其贡献方式可以总结为以下三个方面。

（一）优化产业结构，促进经济发展方式的转变

沿线国家的能源消费结构主要以煤、石油等化石能源为主，尤其是煤炭属于高污染的矿石燃料，与石油和天然气相比，每生产一单位能量要多释放29%和 80%的二氧化碳。所以，洁净技术和替代能源的开发是调整能源结构的两个着力点，同时要大力发展可再生能源。从目前以化石能源消耗为主的能源消费结构，积极向以可再生能源为主，煤炭、石油、天然气共存的多元化结构转变。在建设大型煤炭基地的同时，提高水电、天然气和核能在能源消费中的比例；在沿线国家内部进一步加强核能、太阳能、海洋能、氢能、风能等新能源可再生能源的投资合作力度，提高高质量能源和可再生能源的比重，形成多元化的能源消费结构。

加强沿线国家间能源合作，提升国家技术效率水平。鼓励先进能源利用技术的交流共享，提高在沿线国家整体的一次能源加工转化比重，注重节能环保和新能源技术的自主创新，注重技术的引进消化吸收再创新，提升能源技术竞争力。沿线国家应加大能源技术投资研发力度，加强各国之间人才、技术的交流与合作，优化产业结构，促进经济发展方式的转变。产业结构的

转型升级是提升能源效率的关键，沿线国家要摒弃粗放式、高消耗的能源消费结构，积极发展现代服务业，加强传统工业的改造升级，提高产业内科技含量，降低能耗及对环境的压力，推动产业结构升级，改变传统的工业化模式，因此，政府在制定政策时，应该支持高附加值、高技术、低能耗、低污染产业的发展，严格控制高耗能产业的规模和比例，提升能源消耗少、产品附加值高的新兴产业在国民经济中的比重。

（二）提高可再生能源占比，改善能效

沿线国家亟需在节能环保、新能源、新材料和新能源汽车等新兴领域加大整体财政扶持力度，设立战略性新兴产业发展专项资金。进一步发挥科技创新的引领作用，在国际合作引进新技术的同时，沿线国家要注重消化吸收再创新。注重发挥市场基础性作用与政府引导推动相结合，科技创新与实现产业化相结合，深化体制改革，以企业为主体，推进产学研结合，把战略性新兴产业培育成为经济社会的先导产业和支柱产业。整体提升沿线国家的自主发展能力和竞争力，促进经济社会可持续发展。

实施多元化能源发展战略，不仅是保障能源供应的需要，也是减轻环境污染、确保沿线国家经济安全和实现可持续发展的需要。目前，沿线国家的风能、地热能、太阳能等新能源和可再生能源尚处于起步阶段，要加大科技创新力度，大力发展低碳或无碳优质能源，努力改变能源品种单一化现象。以地热为例，"一带一路"沿线国家如伊朗、土耳其、意大利、印度、印度尼西亚、肯尼亚、菲律宾等，均位于全球高温地热带之上，高温地热资源十分丰富，地热发电开发前景广阔（汪集旸，2016；王卓卓 等，2019）。积极开发节能、环保和资源综合利用技术，加强 CCUS 技术的攻关实验，重点在燃煤电厂进行碳捕集以降低向大气的排放量，同时构筑以企业为主体、产学研紧密结合的 CCUS 工业簇群，提高低碳发展循环经济的科技支撑能力（Global CCS Institute，2015）。

沿线国家根据本国的实际情况制订相应的可再生能源发展规划。在中国，进一步完善保障政策措施，以促进和规范可再生能源规模化开发利用，在保持水电发展的前提下，加速风能、太阳能、多元化生物质能等清洁能源的开发，形成促进可再生能源生产和消费的新机制，并积极开展 CCUS 示范工程，共同促进资源综合利用。以俄罗斯为首的苏联地区国家亟需完善可再生能源的相关支持机制，明确 2014～2024 年期间苏联地区国家各类可再生能源发电新增装机容量目标，开展可再生能源电力销售，积极推进可再生能源的国际合作（徐洪峰，2018）。对于中东国家可围绕可再生能源的创新、开发、生产供应链的相关活动，借鉴阿联酋的马斯达尔城集可再生能源的应用、研发、新能源教育、工程投资为一体的成功范例，紧紧抓住新能源为中东国家经济发展带来的机会，积极制定相应的发展政策，以鼓励新能源的创新和发展。

（三）积极提高碳汇

林业减排目标通常包含在土地利用、土地利用变化和林业（Land use, land use change and forestry，LULUCF）的总目标之内。沿线国家各国在已经提交的自主贡献报告中，仅有少数几个国家单独列出了林业部门的减排目标，还有少部分报告的林业目标包含在农林部门内（郑芊卉等，2019）。在森林资源增量方面，印度提到的长期目标是将森林覆盖率提升到 33%。各国目标主要以承诺森林面积或覆盖率的增长为主，通过森林面积的增长，提高森林覆盖率和蓄积量，增强森林的固碳能力，降低空气中二氧化碳的浓度，以实现温控目标。在森林资源的保护和恢复上，各国目标主要以通过减少毁林、降低采伐率及再造林等手段来完成；通过减少毁林和采伐，减少碳的释放，以避免将森林变为碳源。一部分国家考虑到本国国情没有明确提出森林资源方面的目标，只是对 LULUCF 部门提出了碳储量或碳汇量的承诺，如阿塞拜疆承诺到 2030 年 LULUCF 部门增加碳汇 1.292 亿吨二氧化碳当量。

综合来看，沿线国家实现低碳发展所关注的重点也应有所区分（陈孜，

2019）。对于科威特、阿联酋等高人均碳排放、高人均收入、经济较为依赖资源的国家而言，低碳发展的要求应该是进一步推进资源产业的集约化、低碳化发展，推动整体经济多元化转型；对于新加坡等前文所述的第二类国家，由于生产侧碳排放已经达峰，低碳发展应着重强调消费侧的碳排放而与经济福利水平实现脱钩，使得本国经济福利增长不再依赖于来自国内和国外进口的含碳产品和服务消费的增长；对于中国等第三类国家，已经基本满足人文发展的需求，且普遍处于工业化中、后期阶段，应注重通过技术效应、结构效应驱动高耗能产业的进一步节能提效来实现低碳发展；第四类国家，由于人文发展的基本需求尚未满足，人均碳排放水平也远低于全球平均水平，应当致力于实现以更低的碳排放代价满足基本的含碳公共产品的供给。

参考文献

柴麒敏、祁悦、傅莎："推动'一带一路'沿线国家共建低碳共同体"，《中国发展观察》，2017 年第 9 期。

陈艺丹、蔡闻佳、王灿："国家自主决定贡献的特征研究"，《气候变化研究进展》，2018年第 14 期。

陈孜："'一带一路'沿线国家实现低碳发展战略的意义与路径研究"，《宏观经济》，2019年第 3 期。

傅京燕、司秀梅："'一带一路'沿线国家碳排放驱动因素、减排贡献与潜力"，《热带地理》，2017 年第 37 期。

葛全胜、刘洋、王芳等："2016～2060 年欧美中印二氧化碳排放变化模拟及其与 INDCs的比较"，《地理学报》，2018 年第 73 期。

郭家康、张庆阳："各国碳减排路线图（连载五）印度：清洁发展机制做得好努力"，《环境教育》，2015 年第 4 期。

洪祎君、崔惠娟、王芳等："基于发展中国家自主贡献文件的资金需求评估"，《气候变化研究进展》，2018 年第 14 期。

刘卫东等：《共建绿色丝绸之路：资源环境基础与社会经济背景》，商务印书馆，2019 年。

孙丽丽、崔惠娟、葛全胜："'一带一路'沿线主要国家碳捕集、利用和封存潜力与前景研究”，《气候变化研究进展》，2020 年第 5 期。

徐洪峰、王晶：“俄罗斯可再生能源发展现状及中俄可再生能源合作”，《欧亚经济》，2018 年第 5 期。

郑芊卉、周春国、韦海航等：“各国应对气候变化自主贡献目标及林业对策”，《世界林业研究》，2019 年。

陈劭锋等：《中国可持续发展战略报告：重塑生态环境治理体系》，科学出版社，2015 年。

汪集旸：“一带一路，地热先行”，《科技导报》，2016 年第 21 期。

王卓卓、郭帅：“‘一带一路’沿线国家地热发电开发前景分析”，《城市地质》，2019 年第 1 期。

BP, 2018a. *2018 BP Energy Outlook*. British Petroleum (BP). London, UK.

BP, 2018b. *BP Statistical Review of World Energy*. British Petroleum (BP). London, UK.

IEA, 2015a. Energy and Climate Change: World Energy Outlook Special Report. International Energy Agency (IEA). Paris: OECD/IEA.

IEA, 2015b. *Energy Technology Perspectives 2015*. International Energy Agency (IEA). Paris, France.

IEA, 2018. Energy Efficiency 2018. International Energy Agency (IEA). Paris, France.

Chen S., X. Lu, Y. F. Miao *et al.*, 2019. The Potential of Photovoltaics to Power the Belt and Road Initiative. *Joule*, 3.

Global CCS Institute, 2015. *The Global Status of CCS: 2015. Volume 1: International Climate Discussions*. Melbourne, Australia.

Global CCS Institute, 2015. *The Global Status of CCS: 2015. Special Report: European CCS Centers and Clusters Role*, Melbourne, Australia.

IPCC, 2014a. *Climate Change 2014: Synthesis Report. Summary for Policy Makers*. Cambridge, Cambridge University Press.

IPCC, 2014b. *Climate Change 2014: Mitigation of Climate Change, Working Group III Contribution to the Fifth Assessment Report of the Intergovernmental Panel on Climate Change*. Intergovernmental Panel on Climate Change (IPCC). Cambridge, Cambridge University Press.

Liu, Y., H. J. Cui, and Q. S. Ge, 2019. Classification of Wind Use Level and Required Investment for Countries Below Average to Upgrade. *Journal of Cleaner Production*, 211.

Minchener, A. J., 2014. Gasification based CCS challenges and opportunities for China. *Fuel*, 116.

OECD, 2016. *Roadmap to US$100 Billion*. Organization for Economic Co-operation and Development (OECD).

Oxfam, 2016. *Climate finance shadow report 2016.* Nairobi, Kenya.

UNEP，2018. *Emissions Gap Report 2018.* United Nations Environment Programme (UNEP), Nairobi.

UNEP，2019. *Emissions Gap Report 2019.* United Nations Environment Programme (UNEP), Nairobi.

WEC, 2014. *World energy perspective* (2014). World Energy Council Regency House, London，United Kingdom.

第三章　沿线地区的气候变化适应

　　本章围绕"一带一路"沿线地区的气候变化适应技术、典型国家的气候变化适应措施及应对气候变化的案例与经验三个方面，系统梳理了近年的研究进展及各国家（地区）的官方报告。通过对文献资料的整合归纳，发现：

　　（1）沿线国家适应气候变化的科学基础薄弱，适应行动缓慢。近几年，沿线国家为适应气候变化出台了各项措施，但是其气候变化适应行动总体较为缓慢，究其原因：①各国关于气候变化的基础研究薄弱，开展气候变化适应的理论支撑不足；②气候变化适应措施缺少配套公共管理政策的支撑，使其难以落地实施，同时各部门的适应措施相互独立，协调性较差。

　　（2）典型国家诸多领域均面临着气候变化的风险，各国政府采取了积极的应对措施。印度、俄罗斯、斯里兰卡、越南分别代表热带地区发展中大国、寒温带能源经济型国家、热带岛屿国家和贫穷国家。各国主要的气候风险领域包括水资源、农业生产、生态安全、人类健康等。为应对气候风险，各国设立了相应管理机构、出台了法律法规，并针对各部门风险制订了适应性行动计划。

　　（3）中亚国家在应对重大气候与环境变化事件方面积累了一定的经验，但气候变化适应措施的长期效果尚不明晰。其中，针对苏联时期中亚大规模开发对生态环境的负面影响、咸海水资源危机及极端气候事件，中亚各国采取了一系列的应对措施，并取得了一定成效，但是长期可持续的应对措施相对不足。同时，沿线国家和地区根据自身实际制定了面向社会经济系统、农业系统与生态系统的气候变化适应措施，但是实施时间较短，其效果尚不明晰。

第一节　气候变化适应技术

在气候变化适应方面，开展了以下两部分评估工作：（1）沿线国家气候变化适应现状及存在的问题，包括部分国家和地区适应基础薄弱、存在技术差异、不同国家法律法规及体制差异等；（2）沿线地区适应气候变化的需求，包括增强适应技术的基础研究、完善气候变化适应的法律体制、明确气候变化适应的经济需求等。最后，构建了适应技术体系框架，并提出了遴选适应技术清单的四个步骤。

在气候变化适应技术成效分析方面，根据气候变化适应分类解析了气候变化适应核心问题。其中，有关适应措施的科学评估涉及适应的本质，即面向气候变化及其风险、明确阈值标准、实现技术组合。同时，还结合国内外研究综合评估了气候变化适应的成效分析方法。在此基础上，总结出"遴选评估–定量认证–成效评估–技术清单"的重点行业适应技术体系。

一、气候变化适应的现状

适应是指人们针对现实的或预期的气候变化影响而做出的应对之策，是对气候响应的形式之一，以最大限度地合理利用气候资源并降低甚至消除气候风险，从而达到趋利避害的目的（IPCC，2014）。适应行动不仅可以降低应对气候变化的成本投入，提高应对气候变化的成效，而且还可以增强人类社会和生态系统的可持续性。气候变化适应研究需要明确基本概念，包括：适应什么、适应主体是谁、怎么适应及适应效果怎样。

"一带一路"沿线地区经济发展易受气候变化的影响，近几年各国针对气候变化适应出台了多项措施，并试着纳入到国家发展计划、气候变化战略以及部门计划之中；但气候变化适应行动较为缓慢，适应过程存在诸多障碍。各国提出的针对气候变化适应的技术项目仍有限、出台的战略法规与技术尚未协同配合，行动也未能在各行业和民众之间有效地推广，许多问题仍亟待解决（实际适应水平未达到社会目标所需水平而存在差距）。沿线地区气候变化适应行动和策略，需要从问题出发，基于气候变化适应的需求，合理构建气候变化适应的技术体系框架。

（一）存在的问题

1. 发展中国家和地区气候变化适应研究基础薄弱

通过梳理国际上近几年的研究内容，可以发现适应研究通常围绕适应对象、适应主体和适应方法展开，即"什么需要适应""谁去适应"以及"如何适应"。沿线国家适应基础研究侧重于"什么需要适应"，仍停留在定性的阶段，而对于"谁去适应"和"如何适应"的关注不足；其更关注适应对象的脆弱性、敏感性，以及适应过程存在的风险，而对于适应能力、适应弹性的研究较少。尤其是中亚、西亚等发展相对落后的地区，适应基础研究严重滞后，自身机理性的研究仍需加强，此外还要在机理之上探究什么是有效适应或怎样才能达到预期目标。

适应过程中，参与者、政策制定者、科学家常会遇到适应进程的障碍，如财务状况、体制框架和信息知识等（Ford *et al.*，2015）。理解阻碍适应进程的自然因素和社会条件有助于各国主动适应气候变化，但有关适应障碍的研究几近空白，其适应基础研究未能判断什么是障碍，也未提出评估障碍的指标是什么，在理论上没弄明白为什么会出现障碍以及如何处理障碍，更遑论建立定量化的适应气候变化框架。沿线国家的自然环境及经济状况导致可借鉴的适应方案较少，一些报告中虽提及一系列适应的步骤，但更偏向于战略性和流程性，缺乏具体可用于实施的数据、方法及案例。

2. 各国气候变化适应的技术差异明显

适应技术是适应行动的重要组成部分，在既定适应策略或方案的情况下，低水平的技术或没有相应的技术，会带来巨大的适应力，甚至导致适应行动失败。采取合适的措施或技术会降低沿线地区气候变化的脆弱性（Lioubimtseva et al.，2009），筛选合适的适应技术仍是各国关注的焦点。例如，在中亚的乌兹别克斯坦，如果适应措施不足或者缺乏技术进步，预计到 2050 年几乎所有作物的产量均下降 20～50%（与 2000～2009 年相比）（Reyer et al.，2017）。

沿线各国在不同领域采取了多样性的适应措施，但技术差距仍较明显。第一，基础设施落后，更新慢。落后的基础设施阻碍了气候变化适应行动，沿线国家灌溉农业占据农业生产主导地位，但灌溉设施严重老化，灌溉供水无法到达目标地块，用水效率低且易于加重土地盐碱化程度（王江丽等，2013）。据估测，土库曼斯坦采用现代化的技术（滴灌），灌溉耗水量可以降低约 20%。第二，科学性较差，有限的知识储备和专家知识限制了技术的创新（Zhang et al.，2017）。农业有关的适宜作物品种较少，面对气候变化的影响，难以选育有针对性节水抗旱新品种，农业生物技术仍依赖先进国家。技术创新不足会使沿线国家陷入在较少的耕作面积上无法保证粮食安全的困境（Mitchell et al.，2017）。第三，时效性不足，信息化水平低。部分国家应对气候变化的系统观测网络不健全，环境监测机制不完善，尚不足以实现实时监控和提前预警。第四，缺乏完整的监管机制。适应技术实施过程中，没有相应部门和机制的监管，尤其跨国家、跨部门合作时，更缺乏有效的跨界组织（部门）与政策法规以监管技术的推行。第五，尚未评估适应技术的经济效益。采用技术需要投入大量资金，部分国家虽有气候变化适应的相关经济预算，但令人信服的经济分析不足，适应技术缺乏具体的财务计划和经济分配，致使适应行动受限（Park et al.，2016）。国家内部也缺乏合理的经济激励机制，适应技术难以推行。

3. 有关气候变化适应的法律法规问题

在气候变化适应行动中，法律法规、政策也极为重要。在适应过程中，建立明确的法律法规可以推动适应措施的落实，有效估算经济收益，合理分担责任和分配收益。例如土库曼斯坦制定了国家气候变化战略；塔吉克斯坦和吉尔吉斯斯坦积极制定相关战略，并将适应措施写入国家发展计划；哈萨克斯坦制定相关立法框架，促进小规模的适应行动。

近几年各国均提出了一系列具体建议和具有实际措施的适应战略或方案，但这些建议或方案在融入国家和部门发展战略时面临挑战。适应气候变化的立法问题不能仅作为一个狭隘的环境问题，需要政府多部门合作、规划和行动。沿线国家所推行的适应法律法规与现实需求存在较大差距，各国内部政策背景较为复杂，缺乏关于气候变化的环境立法，造成适应气候变化法规意识薄弱，实际问题不能纳入相应的法律法规框架。在国家层面上，国家主要战略仍为发展生产力、提高经济实力，其中虽包括气候变化问题，但并未针对气候变化适应出台相应法律法规，国家发展与针对性适应行动界限不明确，适应行动有效推广难度增大；在城市或区域层面上，缺乏系统、全面的记录适应政策实施情况，无法确定是否落实到每个部门中。此外，法律法规中缺乏可量化的指标和评估适应结果的方法，立法的有效性分析效果较差。

4. 有关气候变化适应的政治体制问题

适应气候变化并不是单一的决策或措施，而是在社会和政策体制下共同塑造的动态变化过程（Amundsen *et al.*，2010）。沿线各国并非一体化的组织，且部分国家之间因边界和自然资源等问题而存在国际纠纷，气候变化适应行动更偏向于独立行动，区域间合作不足。例如中亚地区受气候变化影响最脆弱的领域是水和农业，在水资源利用方面，会存在以下冲突：（1）中亚区域水系统由五个不同的国家分管，缺乏令各方满意的跨界水管理协定；（2）咸海下游国家在军事和经济方面比上游国家更强大，存在权力不对称关系；（3）

中亚各国在水资源利用方面越来越多地采取"零和"规则，同时对消费量不加控制已到了不可持续的地步。在灌溉方面，哈萨克斯坦南部的灌溉水量很大程度上取决于上游吉尔吉斯斯坦的水资源政策。中亚国家之间未建立起有关适应行动的联合框架，交流合作不充分，各国在各自的气候变化适应问题上各行其是，虽搜集了大量的信息，但没有一个具体的、完整的、可协调的、共同的数据库以获取准确的适应信息。

沿线部分国家存在气候变化适应行动与政策部门联系不密切，国家内部跨部门协作能力欠佳，不能提供相应的政策指导方针，导致无法确定适应行动的顺序、提供足够的资源调配、推进适应行动。各级部门提出适应措施的类型、时间范围和空间范畴不同，相应体系并不明确，严重阻碍了有效的合作机制。联合国欧洲经济委员会研究（2008 年）的调查结果验证了这一结论。

（二）需求分析

气候变化适应行动对沿线国家至关重要，采取恰当的适应措施会降低沿线国家的气候变化脆弱性，但目前适应行动的开展面临一定的挑战和限制，所需措施与拟议措施、拟议措施与实际行动之间尚存差距。通过分析以上提出的四方面问题，归纳实质原因，从基础机制、技术措施、法规制度、资金四个角度明晰各国需求，厘清发展方向，推动适应持续发展。

1. 加强适应气候变化基础机制研究

沿线地区气候类型不一，变化特征各异，不同时空相互作用的物理和社会因素增加了其脆弱性，一部分的非气候压力还会降低适应能力。适应行动因国而异，各国经济水平、致灾因子强度、敏感部门等有所差别，需要有针对性地筛选适应要素，定量分离其中的气候与非气候因素（吴绍洪等，2016），如咸海盐渍化现象，可能是人为灌溉不当而致水分流失较多或者温度升高而致水分蒸发加快导致的；判别适应障碍，如探究是否有相关管理制度或相应技术；明确适应措施顺序，如采用多标准分析法针对特定气候变化情景，选择标准并加权获得适应选项中的优先排序；量化适应目标，如利用成本-效益分析评估适应措施的经济净收益；构建适应行动评估框架，框架的构建需要明确以下几个问题：该框架是否反映出各国适应差别的重点，框架内数据、方法与结果是否公开，是否具有追踪和监管适应行动的手段，适应措施是否具有经济可行性，是否可以满足国际规定需求。深化适应机制研究是"一带一路"沿线地区基础且紧急的科学重点，需要充分认知各领域内"关键风险"，利用气候变化的有利因素，最大程度降低不利影响，增强应对风险预防能力，降低适应的不确定性。

2. 增强气候变化适应技术的科学评估

针对技术的差距，沿线国家适应措施具体需求体现在以下四方面。首先，梳理各行业适应技术的差距，如上文提到的基础设施落后、科学性不足等，并识别相应需求。在基础研究上，一方面沿线国家需要淘汰老化基础设施，采用新设备，保证适应实施的效率；另一方面需要增加适应技术的科学性，学习他国的先进技术，研发具有知识产权的技术。第二，以问题为导向搜集适应技术，针对特定的影响提出相应措施清单。搜集过程应加强科学评估和专家分析，区分技术的适应方面和常规方面，避免薄弱的技术体系与传统的行业、领域边界不清。第三，采取预先适应措施，建立实时预警和监控系统，如干旱前害虫、流行病预测，水质监测系统等，提高适应措施的信息化程度，这能加强抵御气候变化不利影响的能力，世界银行估测中亚地区在气候观测系统领域每投入 1 美元可产生 2～3.5 美元的经济收益。最后，提供最新技术信息和研究成果的传播渠道，确保不同级别的参与人员均能提高自身意识，采取更经济更有效的适应技术，这有利于适应措施的广泛实施。

3. 推进完善适应气候变化的法律体制

适应不是个体应对气候变化的单独行动，是涵盖沿线各国、各部门和各群体的多元化行动，需要国家与国家、部门与部门之间协商、合作，共同应对气候变化影响。沿线国家之间需要建立完善的适应气候变化协调机制，加强区域协同治理能力。极端灾害、水资源不足等事件在生态边界可能时常发生，在国家和区域一级分别建立相关机构，政府之间针对相关问题建立生态边界共享数据库，有利于降低适应不确定性。国家内部，制定有效的法律和政策，建立专门的跨部门机构，协调各部门之间的活动，并监测部门活动是否与环境发展框架协调，监管适应行动的开展，提高各部门间拟议措施的质量。

各国在设计未来适应气候变化发展战略时，一方面要将相关的适应问题纳入到国家可持续发展的中长期计划中，另一方面要将适应措施纳入主流部门活动中（Mannig *et al.*，2013），确保适应行动有法可依、有程可循、有部门可监管。政府与部门之间建立反馈机制，以维持适应气候变化框架的良好运行，保持相关政策和法律的稳定性。适应项目实施重点要与国家政策和适应战略优先事项保持一致，如关注农业、水资源和畜牧业等。在适应项目设计和实施中，鼓励利益相关者和民间社会相关人员共同参与项目设计和实施，提高相关机构处理适应问题的能力；同时，应关注软适应措施，如实施过程的规则与制度（Bizikova *et al.*，2015）。

4. 明确适应气候变化的经济需求

适应行动的经济投入通常具有不确定性，成功的适应行动往往需要足够的资金投入（Barr *et al.*，2010）。充足的资金可确保技术的研发，支撑科研项目的开展，也有利于国家提出更多适应项目，并维持区域间合作组织的正常运营。沿线国家人均收入水平较低，可用于应对气候变化的投资有限，国际合作、融资及横向合作等是缓解资金压力的方式。在国际上，通过绿色气候基金（GCF）获取外部支持，克服适应中的财政和技术限制；在各国内部，仅靠公共部门和机构融资有限，国家可以开发以适应为主的知识产品，与私营企业合作，鼓励私营企业参与、应用并推广适应，增加财务资助能力；可以允许私人投资适应项目，以增加相关经济部门弹性发展可能。

在适应经济评估时，首先应识别经济脆弱的地区，评估该区域采取适应行动的净收益，判断是否适合投资；其次在国家层面，需建立强有力的适应财务框架，确保适应项目的经济排序。

二、气候变化适应技术成效分析

当前，沿线地区适应气候变化和应对气候变化风险的工作基础较为薄弱，需要通过数值模拟、定量认证、成效分析，实现生态友好、行业可用、经济可行的气候变化适应技术方案。对于经济成效而言，适应所需的成本和效果因适应方式的不同而各不相同。在进行气候变化的适应性研究时，需要加强具体的适应措施和技术的成本和效果分析，任何一个具体的措施或技术都是放在一个大的社会、经济、自然环境中去实施的，必然受到多方面、多重因素的影响，很难单独区分气候变化的影响。因此需要基于气候变化适应的分类体系，从核心问题出发，采用成本—效益分析、多目标分析和风险—效益分析等方法评估适应的效果，从而构建气候变化适应的定量评估方法，对沿线地区气候变化适应技术的可行性、适用性等进行分析。

（一）气候变化适应的分类体系与核心问题

气候变化适应可分为：预先适应、自动适应、主动适应、被动适应、规划适应等。IPCC 评估报告定义了各种类型的适应，其中有计划的适应是一项刻意的政策决定所产生的适应，它基于一种认识：各种条件已经改变或将要改变，而且需要采取行动恢复、维持或取得一种理想的状态。包括：①为修复受损的系统或者为了避免新的损害发生，而对某种环境变化做出的反应，包括自动适应与规划适应；②提前调整适应气候变化的措施，以此作为前瞻性的举措，从而使得气候变化的影响降至最低，乃至避免，即预先适应与主动适应。计划性措施可以是技术性的，也可以是规划性的。

预先适应以预测为基础。如在 IPCC 给出的几种社会经济情景下，通过多个气候模式的模拟，可以得出未来气候变化趋势的大致估计，据此可以预先规划、设计或实施适应过程。但目前的数值模拟水平尚未达到可以直接应用的水平，其估计存在很大的不确定性，因此预先适应需要考虑风险，需谨慎设计实施，避免被误导。自动适应是结果出现后的被动适应过程，是结果驱动的适应过程，或者说是自然或人类系统利益驱动的被动行为或自组织等的调整过程。规划适应属于主动适应，是在掌握各种预测信息、知识和技能基础上，为应对未来气候或环境变化而设计的适应策略或途径，属于顶层设计范畴。但规划设计容易出现"计划经济"的问题，属于专家政治的产物。

以重大工程为例，在全球变暖背景下，由于暴雨、干旱极端事件的增加，未来的一些重大工程项目会面临气候变化引致的水文循环加剧的情形，诸如大型水利工程的设计、运行和水工建筑材料特性等方面会受到重大影响，增加重大工程项目的运行风险。依据《水利水电工程设计洪水计算规范》，目前防洪工程建设标准中洪水频率曲线的线型主要是基于 Pearson III 分布，但在气候变化背景下，水文序列的稳定性发生变化，导致 Pearson III 分布的适用性失效，反而可能是 Wakeby、Gen. Pareto、Gen. Extreme Value 等分布函数在估算极端径流极值方面更有优势。因而，需要在防洪工程设计时，突出"预先"与"主动"适应的思维，结合极端径流强度与频率特征的变化规律，确立更适应气候变化极端情形的防洪工程标准，进而有效地为防洪减灾提供科学支持。

"一带一路"沿线国家的大小和经济规模不同，在面临气候变化的压力时，各国家、地区的适应能力也有较大的差异性。沿线地区气候变化适应技术应当面向气候变化风险预估，进而开展实施效果的科学评估，进行事前的方案遴选与优化，属于主动的、预先的适应；要防止未经科学评估而盲目在农、林、牧等重点行业推广应用某项具体技术措施。

世界各国学者在不同时空尺度、不同领域对适应性与适应能力的研究，主要关注以下四个核心问题（居辉等，2016；Barros, *et al.* 2012；方一平等，2009；Berrang-Ford *et al.*，2011）：一是甄别适应对象，包括气候状态及其时空尺度的变化和极端事件等，评估其在气候变化背景下的风险和脆弱性；二是明确适应主体，即研究自然生态系统、人类系统及相关支撑系统的气候变化影响特征和适应范畴；三是分析适应行为，即趋利避害，通过人类社会的主动适应，避免不利影响并尽可能合理利用有利气候条件和资源；四是评价适应效果，科学评价适应政策或措施产生的生态、社会、经济效益和效果。

　　上述四大问题中，前两个主要是涉及气候变化影响与风险研究范畴，适应的核心问题是后两个问题。本质上，气候变化定量适应应该是构建适应技术体系，解决气候影响的主要问题，缓解气候敏感产业关键指标受影响程度。首先明确适应不是去做具体应对技术，如农业用水优化技术、作物品种改良技术、植被耐旱/盐能力提升技术，而要做的是用技术组合（关键技术组合或是技术体系的组合）去缓解影响的程度，那么这里面的主要指向一是影响的是什么？二是缓解到什么程度才是有效？这就涉及两个研究内容，即气候变化适应技术的区域评估，以及适应技术的定量认证，进而考虑技术的经济可行性，这就是成本—效益分析的内容；最终形成不同国别/不同行业应对技术组合方案。

　　以青藏铁路为例解释什么是有效适应或者达到适应水平。该工程是基于未来 50 年气温升高 1 摄氏度设计的，全球温升持续加剧，青藏高原气候变化更为显著，在 RCP4.5 情景下，21 世纪末全球平均气温相对 1986～2005 年会升温 1.1～2.6 摄氏度。现有的抬高路基增加热阻的筑路技术不能应对这一变化。针对这一问题，青藏铁路工程提出冷却路基、降低多年冻土温度的新思路，从现有技术中筛选出调控热的传导、辐射、对流和"以桥代路"等工程结构措施，进而控制进入土体的热量，增加强迫对流放热，减轻土坡周围热扰动（吴青柏等，2007；钱征宇，2002）。据监测，块石路基、块碎石护坡在 2～3 年内温度最少下降 0.3 摄氏度，最高达 1 摄氏度，模拟预测可以应对《巴黎协定》中未来升温 1.5 摄氏度～2 摄氏度的情形，这称为有效适应。

　　目前，气候变化适应对象和主体的研究日趋完善，适应行为和效果以定性的需求分析、战略规划、技术措施为主，而如何确定适应程度、如何选择适应技术、如何评估适应技术的效果仍在摸索阶段，对于适应对象—主体—措施—效果的有效融合仍非常欠缺，总体而言，气候变化定量适应的方法论基础尚很薄弱。

（二）气候变化适应的成效评估

适应在气候变化领域中既是影响评估的一部分，也是政策响应的一部分，适应评估以成本、利益、公平、效率、紧迫性和可实现性作为标准。气候变化适应行动既要考虑国家社会发展，也要兼顾区域经济状况。适应成本因国家发展水平不同而差异巨大，经济落后的国家，适应的相对成本更高。世界银行发布的《适应气候变化的经济学》报告中测算全球发展中国家 2010～2050 年适应气候变化的总成本达 700～10 00 亿美元（Narain *et al.*，2011）；"斯特恩报告"中指出，适应行动在发达国家的开销难以估算，有可能会达到 100 亿美元（任小波等，2007）。

气候变化适应投资与灾害损失之间存在一种函数关系（图 3–1），采取适应措施不能完全避免灾害，即使适应投入无限大，也会存在不可避免的损失。当不采取任何适应措施时，适应投入可能趋近于 0，但面临的灾害损失会无限大；随着适应投资的增加，气候灾害损失降低，当投入与损失相同时，适应的经济效果最优，达到经济最优投入点。此时适应投资持续增加，虽然灾害损失会降低，但适应成本增加幅度较大，适应投入的经济效果变差。

成本—效益是分析气候变化适应投入与灾害损失的重要方法之一，其侧重于定量评估气候影响、估算不同适应方案的净收益。该方法关键是列出与适应措施相关的直接、间接成本与收益，并与不采取适应措施的结果相比较，若采取措施后的净收益大于 0，则实施适应是有效的，否则认为适应失败（潘家华等，2010）。

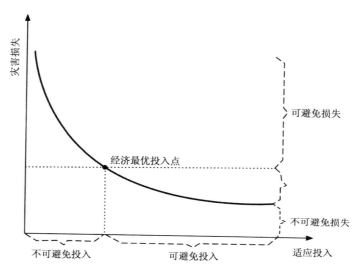

图 3–1　气候变化灾害损失与成本关系图（据潘家华和郑艳，2010 改）

采用成本—效益分析有利于政策制定者和利益相关者了解适应成本，判断适应的可行性。在制定相关气候变化战略时，成本—效益分析可以为是否采用适应技术、投资多少以及何时投资提供理论依据。在气候谈判过程中，通过适应经济分析可明确国家资金需求，提高融资使用的有效性和透明性。在各领域层面，分析适应经济得到的净收益，有益于将有限的经济资源分配到适应的关键行业中（Chambwera，M.，2010），降低适应行动的不确定性。在行业内部，成本—效益分析结果有助于厘清技术顺序，挑选最经济的适应方案。

（三）气候变化定量适应方法

适应的成效分析是应对气候变化的重要组成部分，合理的适应行动可以降低气候变化带来的风险。目前适应存在着大量的不确定性和复杂性，适应行动易受到限制和挑战。为了进一步降低不确定性，推动适应行动的发展，探究进展中可能发展的空间，适应的成效分析应将指导思想与技术有机结合，通过方案指导适应技术的应用，通过适应技术的成本—效益分析量化适应的效果，使适应措施的实施有理可依。

选取表 3–1 中四个方案为代表，分析其理论特征，发现共同特点均偏向于战略性和框架性，定性多于定量。方案中虽然包括了适应方法论的流程和关键步骤，但在判断适应选项时缺乏具体的选择依据和评估标准。其中欧洲报告相对完善，在战略性的基础上评估了技术的经济效果，但在技术指导中适应措施选择的数据、指标、方法和范围都较薄弱。目前，可参考的指南并不完整。

在目前方案的基础上，结合对象—主体—措施—效果四个方面，基于科学评估适应措施、明确阈值标准和实现技术组合的视角，提出定量适应方法论规范（表 3–1）。

表 3–1 适应方法论方案

适应方案	文章来源	作者	时间
评估气候风险—整合区域发展和适应目标—识别适应对策—对策优先排序—实施与示范—监测与评估	气候变化适应行动实施框架（气象与环境学报）	居辉等	2010 年
制定方案—评估选项—选择选项—实施选项	A framework to diagnose barriers to climate change adaptation（PNAS）	Susanne C. Moser *et al.*	2010 年
适应范围—分析—实施	ACT Climate Change Adaptation Strategy	—	2016 年
初步评估—适应措施的确定—评估方法和标准的选择—数据收集—评估和优先排序	Adapting to Climate Change in Europe	—	2018 年

基本逻辑思路为（表 3–2）：

第一步 收集技术：明确气候变化带来的风险，如平均温度上升或极端事件频发，了解气候变化系统对自然环境和社会系统带来的影响，尤其是重点区域内的敏感领域；锁定风险源，明确适应行业，判别全球相似区域并搜集现存和潜在的适应技术。例如，选取高温热浪作为风险源，关注农业重点领域，以作物品质和病虫害为指标依据，分析风险源的影响，并在全球范围内判别相似的研究区域，有针对性地筛选技术体系，分析其中的关键技术是否会缓解已知和未知的影响，列出相应的技术搜集表。

第二步　有效性评价：根据区域的环境本底和社会发展情况，评估搜集到的技术，判断适应技术是否符合研究区域的社会经济发展水平，是否有利于生态可持续发展，初步遴选出适合研究区域的备用（Selected）技术。

技术是否在当地适用首先需要考虑当地的生态、社会和经济发展状况，其次要评估当地的技术发展水平。综合 Conway *et al.*（1986）、袁从等（1995）构建的农业评价体系，选取了生态持续性、社会接受性、经济有利性和技术可行性四类指标，每类指标分为四个详细的指标（表 3-2）。一方面通过实地调研和相关实验等方法评估，另一方面依靠专家打分、与利益相关者和终端实施者座谈了解技术选取的合理性和可行性。既应符合当地的民风民俗，也要保证数据的客观性，两者按照合理比例结合才能保证评估过程的科学性。例如 Tambo *et al.*（2012）通过实地调研，调查问卷等方法从个体认知水平、经济发展水平和技术收益水平等方面分析农民采用耐旱玉米适应技术的决定因素，结果表明新技术的推广程度和收益水平是采用该技术的重要决定因素。

第三步　适应技术成效与清单：建立气候变化应对技术的定量认证指标体系，认证重点是要确定行业内关键指标的阈值，减少适应的不确定性，即判断指标值在多少范围内认为适应技术是可用的，超过阈值则技术选取无效。指标的选取既要考虑对气候变化的敏感度，也要衡量在行业中的重要性，如选取农业中的作物单产和作物品质作为认证指标。明确阈值的方法可采用荟萃分析，从宏观角度综合对比不同研究成果，总结文献中技术可用范围，找到指标的临界值，如 Challinor 等人（2014）应用荟萃分析方法发现采用适应措施的作物模拟产量会平均增加 7%～15%，小麦和水稻比玉米的增产效果更明显；也可以通过模型模拟调整参数得到阈值；或者以先验知识为基础采用神经网络分析获取阈值。通过"行业—指标—阈值"构建技术认证的指标体系（表3-3），对现有技术进行区域适用性评价，得到可用（Useful）技术。

表3-2　干旱半干旱区域评估指标表

类指标 Class Indicator	指标 Index	方法 Method
技术可行性	推广速度　推广效率　推广效果　技术难度　技术资金投入	实地调研 相关实验 管理者座谈 专家访谈 对终端实施者问卷调查
经济有利性	收入增加　产量增加　损失减少　资源节约	
生态持续性	生物多样性　物种适应性　土壤肥力程度　污染程度　农业持续生产力	
社会接受性	国家政策环境　当地风俗习惯　社会开放程度　当地文化程度　科技发展程度	

表3-3　"行业—指标—阈值"指标体系认证表

行业	关键指标	确定阈值方法
农业领域	作物单产 品质 病虫害	Meta荟萃分析 模型模拟 专家访谈 先验知识法 SWOT法等
畜牧业	产草量 家畜生长 疫病	
林业	材积量 森林火灾 病虫害	

第四步　应用途径：在技术可用的基础上，利用成本—效益分析，得到实施适应措施之后的直接成本、间接成本、直接效益、间接效益和网络式效

益，判断可用技术是否能够带来有效的经济收益，进而得到能用（Applicable）技术库。结合研究区域气候变化、地缘环境、社会经济发展状况等，综合运用可计算的一般均衡模型、模拟市场法、替代市场法等，通过国际合作、依托中外共建观测研究站，开展适应技术的成本—效应分析；最终集成适用于不同极端天气气候事件、不同行业的绿色适应技术，提出面向不同国别、重点行业的极端天气气候适应模式与技术方案。其中，成本包括研发、建设、运行、维护、更新等，直接效益包括减少灾害损失的程度，间接效益包括干预和补偿成本降低，以及水资源、生态环境效益，网络式效益主要是旅游、国际贸易、第三产业的链式响应（表3–4）。

表3–4　适应技术成本—效益评估表

适应选项	适应技术	评估方法	所需成本	直接效益	间接效益	网络式效益
洪水灾害	加固堤坝 开发实时监控系统 绿色廊道建设 设立绝缘地带	成本效益评估	投资 维护 补偿	降低洪水风险成本 避免灾害	减少死亡、避免生命危险	洪水灾害减少，生态环境改造有利于旅游业的发展
高温热浪	绿色屋顶 种植树木 浅色路面 高温热浪预警系统 采用清洁能源	成本效益评估	投资 维护 补偿 谈判	降低应对灾害成本 降低城市温度 减轻热岛效应 避免死亡疾病损失	美化城市，生态环境变好 二氧化碳浓度降低，空气质量改善	高温热浪减少，增加了人类出行，以及室外的休闲娱乐，提高了交通及休闲娱乐的发展
农业产量	作物品种选育 调整作物结构 开发节水灌溉技术 精准施肥 轮作技术 监测病虫害	成本效益评估	投资 教育 维护 补偿	农民收益增加 社会经济稳定 降低应对成本	节约水资源 增加土壤肥力 生态系统服务功能变强 创造生物栖息地	先进的种植技术使用更少的人力带来更高的农业产出，富裕的人力间接带动了其他产业的发展

续表

适应选项	适应技术	评估方法	所需成本	直接效益	间接效益	网络式效益
人类健康	改善药物供应 完善医疗体系 开展卫生课堂 监测流行性疾病	成本效益评估	投资维护教育	死亡率降低 卫生健康水平提高	社会稳定 增强抵抗疾病能力	人类健康一方面有利于减轻国家医疗成本的投入，另一方面间接提供了生产力

其中，第二步有效性评价与第三步成效与清单为适应方法论的核心，进一步解析即为通过全球遴选与区域评估建立"备用（Selected）"技术，通过领域和区域定量认证构建"可用（Useful）"技术体系，通过经济学成本—效益评估实现"能用（Applicable）"技术库。据此，提出本文方法论的具体步骤（如图 3–2），并借助具体案例解读规范中的关键内容。

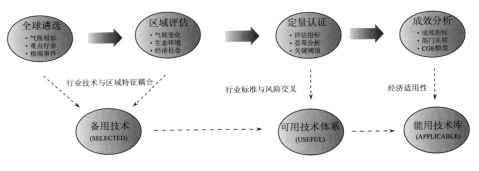

图 3–2 定量适应方法论规范逻辑图

第二节 典型国家的气候变化适应

"一带一路"沿线国家已经开始重视气候变化的适应。各国在提出适应目标的同时，也制定了包括建立完善适应气候变化机制、完善基础设施以及针对脆弱部门和地区的相应政策措施（表 3-5）。中国主要针对气候变化适应的顶层设计和机制机构建设，采取适应行动。一方面，制定国家层面适应气候变化战略规划、行业规划，在制定国家及地方发展政策时考虑适应气候变化需求、开展试点示范等；另一方面，也建立完善预警预报系统，提高灾害防控能力（柴麒敏等，2017）。本节以印度、俄罗斯、斯里兰卡、越南分别作为热带地区发展中大国、寒温带能源经济型国家、热带岛屿国家和贫穷国家代表，对其面临的气候变化风险及适应进行评述。

表 3-5　"一带一路"沿线国家适应行动一览表

目标	行动	国家
农业	提高灌溉效率，推动气候适应型农业	阿富汗、格鲁吉亚、巴林、柬埔寨、印度、马来西亚
	加强农业系统管理，促进栽培品种多样化	埃及、印度、柬埔寨、老挝、也门
水资源	投资现代化的灌溉系统，加强水资源综合开发和管理，建立洪水管理机制	埃及、印度、伊朗、约旦、柬埔寨、印度尼西亚、科威特
	提高居民节水意识	埃及、印度、科威特、沙特、阿联酋、巴基斯坦
	建设水资源信息系统，提高水资源调配和管理能力	老挝、黎巴嫩、马来西亚、也门、蒙古国、斯里兰卡
海岸带	填海及生态系统恢复	巴林、孟加拉国、马尔代夫、沙特、阿联酋
	加强沿海区域土地利用管理和规划、限制工业扩张、保护沿海地区居民生计	埃及、印度、格鲁吉亚、马来西亚、也门、越南
	完善沿海地区气候变化相关信息系统	科威特、斯里兰卡、沙特、阿联酋、新加坡
基础设施	完善城市和乡村基础设施，减少脆弱性和暴露度	巴林、也门、老挝、科威特、马尔代夫、斯里兰卡、巴基斯坦、东帝汶、柬埔寨
	加强能源基础设施建设，提高可再生能源比重，减少能源系统脆弱性	也门、孟加拉国、老挝、科威特、越南、新加坡、卡塔尔
公共健康	提高公共卫生基础设施和供水系统，改善公共卫生服务	老挝、柬埔寨、越南
	识别潜在风险、提高公众意识、加强流行病的研究分析和防控	印度、柬埔寨、马来西亚

一、印度

（一）气候变化风险

隶属于孟印缅温暖湿润区（BIM）的印度大部分处于热带和亚热带地区，以热带季风气候为主。印度农业比重大，对自然气候系统依赖度较大，一方面，热带季风气候为农业生产提供了丰富的水热资源，另一方面，热带季风气候年降水量极不稳定，降水量的区域差异大，农业易受气候变化影响，旱灾与水灾频发是印度气候变化风险最显著特征（Pal I. *et al.*，2011）。根据印度气象部门（IMD）的数据，印度的气温在过去 100 年里上升了约 0.5 摄氏度，温度的升高对农作物的生长产生了重要影响（Debasish C. *et al.*，2018）。研究表明温度升高导致印度北部喜马拉雅山地区冰川不断融化，退缩严重；气候变暖背景下，印度地区的水循环也发生了明显变化，并表现出一定的区域性特征（Rupakumar K. *et al.*，1992）。此外，印度是世界上排名第二的人口大国，及温室气体排放量第二的发展中国家。印度自然气候系统敏感且暴露度明显，气候变化对生态系统、农业、水资源、人类社会和健康等的影响非常显著；极端降水容易导致洪水和滑坡，干旱造成水资源短缺，对农业生产带来风险，极端高温对民众健康带来威胁，其中城市人口面临的风险最大（Revi，2008）。气候变化及变异影响框架：脆弱性—恢复性指标关系见图 3-3（Brenkert *et al.*，2005）。

气候变化对印度的影响是多方面的，集中表现在水资源、农业生产、生态安全、人类健康、经济社会和基础设施等方面（时宏远，2012；黄云松等，2010）。

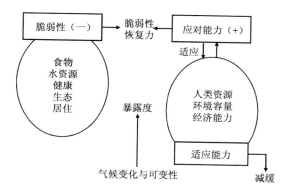

图 3–3　气候变化及变异影响框架

1. 水资源

气候变化对印度的水资源安全影响比较大。干旱造成淡水资源短缺，影响着农业、工业用水和居民生活用水。印度人口占世界人口的 16%，但水资源却只占世界总量的 4%，人均水资源占有量远远低于世界平均水平。Revi（2008）指出未来 50 年，印度人口可能会增加 5 亿。人口数量不断增加的情况下，农业、工业和家庭用水量也会不断增加，这会缩短水资源循环时间，从而进一步加重水资源危机。为缓解用水紧张，过去的几十年里印度过量开采地下水的现象非常严重；喜马拉雅山冰川是印度重要的水资源供应地，近几年，由于乱砍滥伐和过度开垦耕地，生态环境出现了严重的恶化，水体污染，水灾频发。

2. 农业生产

气温和降水的变化，影响农作物的种植和生长，土壤肥力下降，降低产量；气温升高增加了病虫害发生率，导致农业减产，从而威胁着粮食安全；由于有大片耕地临海，海平面上升淹没大量耕地，农事生产受到严重影响。印度农业研究所（IARI）的研究发现，印度气温每升高 1 摄氏度，粮食产量就会减少 400～500 万吨。气候变化问题专家克莱恩指出，如果气候变化的预测在 2080 年变为现实，印度农业生产力将会降低 29%～38%。

3. 生态安全

印度北部是喜马拉雅山地区，中部是恒河平原，南部是德干高原及其东西两侧的海岸平原，涵盖了冰川、沙漠等多种地貌，因此印度又是一个生物多样性非常丰富的国家。印度河与恒河都发源于喜马拉雅山脉，作为印度重要的农业灌溉水源，大部分印度人的生计都要依赖喜马拉雅山地区的生态系统。气候变暖加快了喜马拉雅山冰川的消融速度，短时间内河流水位上升，未来水资源的问题值得关注。气候变化对印度的沙漠生态系统也产生重要影响。印度的沙漠面积一直在不断扩大，沙漠地区的自然属性也发生了一些变化。此外，海平面上升同样会给印度的生态环境带来危害，许多物种的生存都将受到威胁。

4. 人类健康

气候变化背景下，极端气候事件频发，频发的干旱和洪水事件造成农作物歉收或绝收。印度大部分人都依靠农业生活，农作物的减产会威胁基本的生存保障。此外，印度医疗设施不足，民众适应能力弱，缺乏风险意识，不断增多的暴雨和热浪事件导致大量印度人患病而死。研究表明，印度疟疾的患病人数位居世界首位，并且越来越多。一方面这是由于经济发展促进人口流动，包括病菌携带者，另一方面，气候变化导致疟疾传播范围扩大。

5. 经济社会和基础设施

气候变化风险的发生，造成大量经济损失，农村受灾区更加贫困，城市基础设施受损，社会环境不稳定。印度沿海地区海水温度上升速率变大，海平面上升导致沿海地区堤防设施受损严重，已有的基础设施水平对极端气候事件抵御不足，威胁居民生境安全与城市发展。研究发现，2004～2008 年间，印度海平面上升了约 9 毫米，而且近年来上升速度还在不断加快。

（二）适应措施

1. 管理机构

由于认识到气候变化是对自身的一个重要威胁，印度提高了对这一问题的重视程度。2007 年 5 月，印度成立了气候变化影响专家委员会。该委员会主要任务是研究气候变化对印度的影响以及提出应对措施。2007 年 6 月，印度又成立了高级别的，由政府、产业界和公众等主要利益相关者构成的气候变化总理委员会，以国家总理为首，各政府部门为主导，社会企业与公众为主要活动对象。委员会的责任是贯彻国家气候变化行动方案，指导国际谈判，包括双边和多边的合作、研究和开发项目谈判。此外，为了保障各项气候变化措施的实施，2015 年 10 月 1 日，印度宣布了新的气候计划——国家自主贡献（INDC），将 GDP 的 3%用于气候适应。印度气候变化应对机构结构组成如图 3-4（孙振清等，2009）。

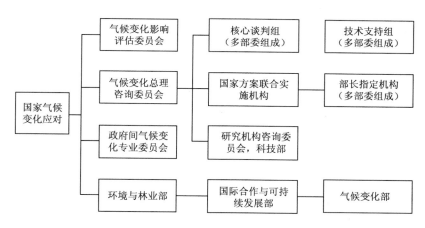

图 3-4　印度气候变化应对机构结构组成

2. 国家法律、政策

在应对气候变化过程中，印度颁布了一系列法律、政策（于胜民，2008；NAPCC，2008；王文涛等，2017），见专栏 1。

专栏 1

印度气候变化国家响应政策

1974 年，印度政府通过了《野生动物保护法》《水污染防治法》《水污染防治条例》《水污染防治税法》《城市土地法》等法律法规。

1976 年，印度通过《宪法》第 42 条修正案，第一次把气候问题纳入宪法当中。该修正案声明："国家将努力保护和改善环境，并保护国家的森林和野生动物"，"每一位公民都有义务来保护和改善自然环境，包括森林、湖泊、河流和野生动物，并对所有的生命物体怀有爱心"。

1980 年，印度颁布了《森林保护法》；2009 年，印度森林报告称，过去 10 年森林面积逐年增加，每年净增约 30 万公顷，全国森林面积达到 7 840 万公顷，对减缓二氧化碳排放有着重要的作用。

1986 年，印度颁布了《环境保护法》，这是印度第一部系统的环保法律。

2002 年，印度《国家水资源政策》中水资源利用的新方法包括跨流域调水、地下水人工回灌，以及海水脱盐，而传统方法集雨，如屋顶集雨，也可以提高水资源利用率。

2005 年，针对气候变化带来的风险，印度颁布了《灾害管理法》，重视灾后重建与管理，积极采取适应措施。

2006 年，环境与森林部出台"国家环境政策"（National Environmental Policy，NEP），强调资源保护与经济生活水平之间的关系。

2007 年，印度成立了"国家气候变化影响评估委员会"及"总理气候变化咨询委员会"，把气候变化政策归入可持续发展计划中。

2008 年 6 月 30 日，印度发布了《国家气候变化行动计划》（National Action Plan on Climate Change，NAPCC），围绕气候变化的减缓和适应，计划了印度现有和未来的政策和行动方案。

2009 年 12 月，印度发布了自愿减排目标，即到 2020 年单位国内生产总值二氧化碳排放比 2005 年下降 20%～25%。

2011 年，印度出台气候变化行动项目（Climate Change Action Project，CCAP），加强跨部门合作，积极应对气候变化。

2016 年，印度颁布《国家灾害管理计划》（National Disaster Management Plan，NDMP），基于全球灾害管理趋势，制定了 2015～2030 年减缓灾害风险框架，由各邦政府负责监管实施协调，主要科研机构、民间组织、私营部门等各领域利益相关者共同参与。

---

3. 适应行动计划

为推动应对气候变化措施的落实，并确保经济发展的促进措施能给气候变化带来正面影响，2008 年印度公布了《气候变化国家行动计划》，主要包括八大任务：国家太阳能计划；可持续生活环境国家计划；提高能源效率国家计划；国家水计划；维持喜马拉雅山脉生态系统的国家计划；可持续农业国家计划；"绿色印度"国家计划；气候变化战略知识平台国家计划。各计划主要规划与行动内容如下（NAPCC，2008）：

（1）太阳能计划。这是《国家行动计划》中的重要内容，旨在提高太阳能发电在印度整个能源结构中的比例，同时提高其他可再生和非化石能源所占比例。印度光照充足，日照时间长且强度大，太阳能有很大潜力成为将来主要能源。太阳能发电的分散分布特征可以满足最基层居民的用电需求。全国太阳能发电厂大范围的投入技术与开发，规模化和技术进步使太阳能的供电成本有所降低。

（2）可持续生活环境计划。该计划旨在建立可持续的生活环境，实现节能减排。印度准备通过三种途径实现这一目标。一是通过《建筑能源节约法》要求新建民用建筑与商业建筑制定合理的能源使用方案，同时利用激励措施重新改造旧建筑。二是加强物资的循环回收和城市固体废物的处理，变废为宝。三是优化城市规划，优先发展公共交通。另外，国家可持续生境计划除了提高能力建设，还通过完善基础设施可靠性、社区灾害管理水平和极端天气事件预警能力来增强未来气候变化的适应能力。

（3）提高能源效率计划。该计划重点是提高工业部门的能源利用率。工业是印度最大的能源消耗部门，消耗占到整个国家商业能源消耗的42%。根据2001年《节能法案》的规定，中央及邦政府分别设立了节能部，从而可以通过制度机制落实节能措施。为了提高能源效率，其措施如下：利用财政手段来提高能源效率；实施节能证明转让机制；鼓励低能耗技术投入生产，为需求侧管理提供金融平台。

（4）水资源计划。该计划通过建立统一的国家水资源管理体系以保护水资源、减少浪费、提高水资源的利用率，以及确保各邦地区水资源的合理分配。主要计划有：修订现行的《国家水政策》，有效管理地上和地下水存储；建立综合水资源数据库，评估气候变化对水资源的影响；增强公民和各地方节水意识与行动；注重脆弱地区与过度开采地区的保护；将水资源利用效率在目前基础上提高20%；加强流域管理。

（5）喜马拉雅生态保护计划：该计划通过研究评估喜马拉雅山脉冰川融化情况，为防止冰川进一步融化采取措施提供建议。与其他南亚国家信息共享并共同维持喜马拉雅生态系统，与邻近国家合作寻求综合覆盖网络，建立监测系统，评估淡水资源和生态安全。喜马拉雅生态系统的丘陵农业区有 5 100 万居民，生态环境脆弱，要提高适应气候变化的能力，以社区管理、组织创新和村务委员会共同保护生态系统安全，实行合理的土地耕种计划，禁止乱砍滥伐的行为，扩大森林面积，从而减缓水土流失和土壤恶化，确保脆弱生态系统的稳定性。

（6）可持续农业计划：该计划旨在使农作物能适应气候变化，提高农作物的产量。创新研发新作物品种，如抗干旱、抗病虫害的农作物，增加应对风险的能力，提高作物生产力。加强风险管理，向农民提供信息，将传统知识与实践系统、信息技术、地理空间技术和生物技术进行融合与集成，多方面监测评估气候变化，并为农业实践的改变提出建议。积极使用生物技术，印度的生态可持续绿色革命在国际上处于比较领先的地位。

（7）"绿色印度"计划：该计划主要是为了提高森林覆盖率和保护生态系统多样性，提升生态系统应对气候变化的能力。森林是最有效的碳汇，在维持生态平衡和生物多样性中具有重要作用，加强森林保护有助于加强生态系统服务功能。该计划具体有：增加 500 万公顷森林，提高 500 万公顷绿地的质量；通过管理 1 000 万公顷森林，改善生态服务功能；增加 300 万家庭的林业收入；截至 2020 年，增强 5 000 到 6 000 万吨的年碳汇能力。

（8）气候变化策略知识计划：该计划主要是研究气候变化带来的挑战，从而制定相应的应对措施。此气候变化行动计划的社会经济影响包括健康、人口统计、迁移模式及沿海社区的生计，它还支持学校设立相关教学项目，及支持国家科研机构的研究，并为气候科学研究提供资金。在气候变化适应和减缓过程中，鼓励个人和企业主动适应投资风险资金，积极宣传新的理论科学研究成果和相关知识。

《气候变化国家行动计划》不仅是印度应对气候变化的一个纲领性文件，同时也推动了印度经济和社会的可持续发展。该计划公布后，印度进一步完善了气候政策，如设立"国家清洁能源基金"，制定了"汽车燃油目标与政策2025"等。目前，印度已具备了较为完善的气候变化应对政策体系。

二、俄罗斯

（一）气候变化风险

对于蒙俄寒冷干旱区（MR）的俄罗斯，《2014年俄罗斯环境保护状况》国家报告发布的数据显示，1976～2014年，全球气温以0.17摄氏度/10年的速度升高，而俄罗斯以0.42摄氏度/10年的速度升高，是全球平均升温速率的2.5倍；伴随着气温的升高，气候变化特征还呈现出明显的地域差异，一方面，气候带和农业带向北移动，致使俄罗斯耕地面积增大，河流航运价值提高，另一方面，俄罗斯全国近三分之二的土地（占全球陆地面积的十分之一以上）覆盖着富含甲烷的永久冻土，气温上升导致永久冻土开始融化，可能会产生全球性的影响。此外，气候变化导致极端气候事件发生的频率和强度不断增加。2010年夏季高温热浪席卷俄罗斯长达6周，导致1 200人死亡，干旱造成2 500万英亩农作物绝收；2014年，阿尔泰边疆区发生水灾，洪水淹没17个区的1.65万公顷土地，造成10亿卢布的损失；2015年，贝加尔斯克的干旱又导致了大面积的火灾。气候变化带来的各方面影响正在破坏人们的生活，对很多行业和部门产生影响。主要体现在以下领域（陈强，2016）。

1. 农业生产

气候变化对于俄罗斯农业既是机遇，也是挑战。一方面，温度升高使得耕地面积扩大，另一方面，极端天气气候事件频发。近年来，俄罗斯干旱区域面积扩大，由此加大了农业灌溉用水，农业缺水影响作物生产，从而威胁粮食安全。同时，洪灾造成土壤侵蚀，水土流失，土壤肥力减弱，进而导致作物减产。火灾烧毁作物。此外，气候变化还会间接引起病虫害的滋生，加大气候变化的不利影响（Di Paola *et al.*，2018）。

2. 水资源

俄罗斯人口稠密的欧洲地区，南部地区和西南地区水资源将减少 10%～20%。频发的干旱造成水资源短缺，影响农业、工业、居民用水。而洪灾同样影响人们生产生活，损害基础设施。

3. 生态保护

最近十年，气候变暖使得俄罗斯北极地区冻土带的南缘向北推移了 40～80 千米，部分永久冻土出现了季节性消融。此外，气候变暖使俄罗斯中纬度地区冬季更加漫长，夏季更加炎热，春季时间缩短；加之水资源的减少，使一些区域从森林带过渡到森林草原带，比如库尔斯克和奥廖尔州。

4. 人类健康

气候变化会间接影响疾病的传播，洪涝、干旱、热浪等极端气候事件往往会扩大其传播范围，危害人类健康。

（二）适应措施

根据气候变化产生的影响和未来气候变化的预测，俄罗斯确定了一系列应对气候变化的适应对策，既包括应对挑战的决策和管理机制，也包括需要提高气候变化适应能力的专门领域，如水资源、农业领域、人类健康、陆地生态系统等。

1. 水资源

提高气候变化对水资源的影响及各种潜在适应情景影响的理解；通过建设水文和气象事件的检测、预测、预警和预防体系，加强高风险地区的管理，以应对洪涝灾害带来的挑战；发展节水和确保更有效地利用水资源；支持与当地可用水资源一致的活动和土地利用开发；把加强气候变化问题纳入到水计划和管理中。根据世界气象组织（World Meteorological Organization，WMO）报告指出，在全球各种灾害中，水文气象灾害约占总灾害的 85%。2006 年 9 月 26～29 日，俄罗斯首都莫斯科召开了水文气象安全问题（对于极端气候变化社会学预测和适应性）国际会议。会议的中心是围绕极端气候和气象水文事件的影响、预测和预估、预警以及对策研究等方面。

2. 农业领域

俄罗斯出台了《农工综合体抗灾及恢复生产所需费用的原则建议》，提出了灾后恢复生产要与本地生态特点相适应的原则，要求通过水、空气和养分的搭配管理，将气候变化对农业生产的影响降到最低。节能减排的举措主要包括更多地区使用抗旱早熟品种、合理搭配轮作品种、推广农业机械化作业和调峰节水。此外，该建议还提出采取一些举措，包括灌溉、避免太阳光直射、控制水分蒸发、增加土壤中的腐殖质、种植防护林和积雪保墒。

3. 生态系统

俄罗斯加强现有检测工具，并促进土地综合管理，以考虑气候变化对生物多样性的影响；此外，重视生物圈保护，将气候变化适应融入政府保护生物多样性的战略和计划中。2006 年，俄罗斯提出卡通斯基（Katunskiy BR）战略，该战略的总目标是维持卡通斯基地区的生态系统服务功能，并减少该区域对全球变化的脆弱性，提升生态系统应对气候变化能力。

4. 人类健康

俄罗斯加强了"健康—气候"研究。随着气温的升高，人体健康面临新的风险，俄罗斯重点加强有关高温事件的检测及预警等工作。此外，增加评估与极端气候事件相关的人类健康风险，以及适应措施的健康影响。

此外，俄罗斯 2009 年发布了《俄罗斯联邦气候学说》，确立了应对气候变化的目标、原则、实施途径等，并提出应对气候变化的主要任务是建立气候变化领域的法律管理框架以及政府规章，利用经济手段推动气候变化减缓和适应措施的实施，为制定和实施气候变化减缓和适应措施提供科技、信息和人才支撑，以及加强减缓和适应气候变化的国际合作。2011 年发布了《2020 年前俄罗斯联邦气候学说》，明确了应对气候变化 31 项措施及其责任部门和进度安排实施计划。

三、斯里兰卡

（一）气候变化风险

斯里兰卡作为一个热带岛屿国家，极易遭受气候变化的不利影响。在最近几十年中，斯里兰卡所有台站都有明显的增温趋势，白天的平均最高气温和夜间的最低气温也有所增加，且近年来变暖趋势加快（Basnayake，2007；Sathischandra *et al.*，2014）。与气温不同，降水没有观察到明显趋势（Basnayake，2007； Chandrapala，2007），但连续干旱的天数增加了，而连续的湿润期减少了（Premalal，2009）。近年来，诸如洪水和干旱之类的极端事件的强度和频率有所增加（Premalal *et al.*，2013）。有关预测表明，斯里兰卡的气候模式将变得更加两极化，未来几年干旱地区将变得更加干燥，而湿润地区也将变得更加潮湿（Punyawardena *et al.*，2013）。IPCC 的研究还预测，南亚地区极端天气事件的发生频率将增加，其中可能包括热带风暴和强降水事件等。海平面上升及热带气旋的发生率增加，使得沿海灾害也将增加（Cruz *et al.*，2007）。未来斯里兰卡的气候变化风险主要体现在以下几个方面：

1. 水资源

未来该地区可能遭受的物理影响包括：昼夜气温升高、蒸发和蒸腾量增加、干旱频率和严重程度增加、既定降雨模式的不稳定变化、强降雨事件增多、洪水的频率和严重性增加、旋风和强风增加、盐水入侵、低洼地区将洪水泛滥。这些影响将导致人类生活用水、灌溉用水、工业用水的供应量减少，水质和安全性下降，用水成本增加。

2. 农业生产

农业部门可能因为气温升高、干旱频率和严重程度增加、病虫害的热范围改变、经常发生强降雨事件以及洪涝的频率和强度增加，使得作物及动物的生产力下降，病虫害对农作物及牲畜造成的危害增加。另一方面，海水入侵及低洼地区的洪泛风险增加将使农业土地盐渍化加重，沿海农民的生计也会受到损害。

3. 生态安全

生态系统的风险主要包括：生态环境的变化，如自然生态系统的结构组成和空间分布发生变化、溪流干涸、沿海生态系统盐度水平上升、野火的风险增加。物种的风险，如动植物的热压力增加、由于水分胁迫导致的物种迁移、沿海生境变化使得物种组成变化、物种灭绝的风险和人类与野生动植物冲突的风险。这两个方面的风险最终导致生物多样性和生态系统服务功能下降。

4. 沿海和海洋资源

2004 年 12 月 26 日的海啸对印度洋沿岸造成了破坏性影响，斯里兰卡是受海啸影响最严重的国家之一，约有 3 万人丧生，100 万人无家可归，70%的捕鱼船队被摧毁。如果海平面持续上升，将造成沿海保护结构的破坏、海滩稳定性的下降、生态系统服务功能损失等。未来 100 年内相对海平面的上升和热带风暴引发的海岸线衰退，将对旅游服务造成 41%～100%的负面影响（Mehvar et al.，2019）。

5. 人类健康

未来该地区登革热和疟疾一类的传染病的风险或将增加，新病媒疾病（如利什曼病）暴发的风险也将上升，食源性和水源性疾病暴发的风险增加。此外，洪涝、热浪等灾害频次增加也会导致受伤和死亡人数增加。若水资源供应不足也将导致健康和卫生问题，使社会生产力下降而在医疗健康方面的投入增加。

6. 旅游休闲

作为热带岛屿国家，斯里兰卡拥有丰富的旅游资源。但如果未来海平面上升，极端灾害增多，将对当地旅游业产生诸多不利影响：海滩和休闲区的丧失、珊瑚礁的破坏、纪念碑和古迹的破坏、风景名胜区和审美价值的下降、旅游基础设施的破坏，使得斯里兰卡作为旅游目的地的吸引力下降，与旅游相关的收入将会减少。

（二）适应措施

1. 管理机构

2000年，斯里兰卡为执行《联合国气候变化框架公约》，确定了九个关键部门（能源、工业和城市废物、运输、农业、林草、水、沿海资源、人类健康和人类住区、公共事业），并为每个部门设立了一个行政司，指派专家到每个司制订行动计划和基于部门的温室气体清单。

斯里兰卡政府在2000年从全球环境基金获得了额外的资金援助，决定改革政策执行机构，重组了运输、环境和妇女事务部，并成立了林业和环境部。

2002年末，新的环境部再次扩大，囊括了自然资源管理相关的领域，并更名为环境和自然资源部。2003年，为实施清洁发展机制（Clean Development Mechanism，CDM），环保部将环境经济和全球事务司作为政府指定机构，以促进、验证和授权清洁发展机制项目。

2005年，环境经济和全球事务司成立了项目管理部，负责实施《全球环境管理国家能力需求自我评估项目》。

在2007年之前，主要由环境和自然资源部下属的环境经济和全球事务司协调和实施气候变化政策。政府部门对气候变化不利影响的认识加深后，决定成立气候变化和全球事务司，专注于气候变化科学及与气候变化教育相关的项目。

2008年3月，在环境部下设立气候变化秘书处及国家气候变化咨询委员会（NACCC）。NACCC 的任务是协调所有与气候有关的活动；确保气候变化政策计划与国家发展优先事项保持一致；发挥咨询论坛的作用，为适应和缓解研究制定议程并提供建议；向气候变化秘书处提供专业知识。

2015 年，环境部归斯里兰卡执行总统管辖，该部随后重组并更名为马哈伟利发展和环境部。这一转变增加了对环境政策实施的政治支持。

2. 国家法律、政策

斯里兰卡包括气候变化问题的环境政策的起源可以追溯到 1992 年，当时政府在 1991 年制定了 1992～1996 年期间的第一个《国家环境行动计划》（National Environmental Action Plan，NEAP）。NEAP 强调了对气候变化潜在风险的担忧，并确定了优先领域，要求对斯里兰卡的体制结构、规划模式、经济目标和政策进行重大改革（Hewawasam *et al.*，2019）。

1992 年 6 月，斯里兰卡在联合国环境与发展会议上签署了《联合国气候变化框架公约》（UNFCCC）。

2002 年，在获得《京都议定书》惠益和相关性后，斯里兰卡同意实施清洁发展机制（CDM）。

2003 年 8 月，政府通过了《国家环境行动计划》《国家环境政策》，旨在促进环境可持续发展的责任管理，强调适应性环境管理系统能够灵活应对气候变化、入侵物种和转基因生物等不断变化的情况。

2005 年，斯里兰卡启动《全球环境管理国家能力需求自我评估项目》，以发展个人、机构和系统能力，从而执行三项重要的公约：《联合国气候变化框架公约》《生物多样性公约》和《防治荒漠化公约》。

2010 发布《国家气候变化适应战略》，2012 年 1 月通过《国家气候变化政策》，认为适应是将气候变化影响降到最低和实现可持续发展的关键。

2013 年启动，并于 2016 年发布《斯里兰卡气候变化影响国家适应计划》，确定了 2016～2025 年期间短期、中期和长期的适应需求及行动计划。

3. 适应行动计划

2016 年发布的《斯里兰卡气候变化影响国家适应计划》，是根据《联合国气候变化框架公约》的指导原则，针对特定国家制定的行动方案（MMD&E，2016）。适应行动计划涵盖两个层面的适应需求：关键脆弱部门的适应需求和跨领域的国家适应需求。根据脆弱性、影响和社会经济成果的逻辑标准，明确了粮食安全、水资源、沿海和海洋资源、人类健康、生物多样性和旅游休闲等多个脆弱部门的适应需求及优先行动（表 3–6）。

表 3–6　斯里兰卡各部门适应优先行动计划

部门	优先行动
水资源	制定并实施关键流域的流域管理计划
	提高灌溉水的使用效率
	识别易受干旱和洪灾危害的区域并制订灾害风险管理计划
农业	开发对热胁迫、干旱、洪水及病虫害具有抵抗力的耐性品种
	开发和推广节水农业技术
	根据气候预测调整作物日历·
	开发用于及时向农民发布和传达气候信息的系统
生态	监测气候变化对关键自然生态系统和生物多样性的影响
	为气候敏感的生态系统制定适应性管理计划
	为受到高度威胁的生态系统和物种制订恢复计划
沿海和海洋资源	研究海平面上升对短期、中期和长期范围内沿海生境的影响
	识别易受极端事件和洪水侵袭的沿海脆弱区域并绘制地图
	提升沿海社区有关海平面上升和极端事件的认识及应对气候变化的能力
人类健康	提高研究机构关于气候变化对健康影响课题的研究能力
	加强灾害管理与卫生管理机构之间信息共享的机制
	开展针对医护人员和公众的气候和健康风险意识项目
旅游休闲	提高旅游业经营者对气候变化及其影响的认识
	识别脆弱地区的旅游设施并做出安排以提高其气候适应能力
	建立游客和经营者的紧急沟通渠道

四、越南

（一）气候变化风险

越南是世界上遭受气候变化影响最为严重的国家之一。在越南，从 1900 年到 2000 年，年平均气温每 10 年上升 0.1 摄氏度，在 1951～2000 年间上升 0.7 摄氏度，平均每 10 年上升 0.14 摄氏度。根据 IPCC，预计到 2100 年越南的平均温度将上升 2～4 摄氏度。越南的降水格局受西南季风的影响，到 21 世纪末，在大多数地区年度降雨量将增加 5%～10%，南部将会更干。越南的极端气候事件主要包括台风、干旱、洪水及热浪。厄尔尼诺南方涛动的影响在越南各地都变强了，干旱和洪水的频次增加并影响几乎全部中部沿海省份。越南海平面也有上升的趋势，平均每年上升 2～3 毫米，2050 年海平面可能比 1995 年基线水平上升 0.24～0.26 米（IPCC，2014）。越南的气候变化表现为：气温升高、降水变化、海平面上升、极端事件频率增大，将会对越南的诸多领域产生影响（皮军，2010），主要表现如下：

1. 水资源

近年来，与厄尔尼诺南方涛动相关的降雨减少、气温上升、蒸散（水通过蒸发和植物蒸发从土壤中流失）增强，加之海水入侵造成越南淡水资源的供给紧张。而另一方面，拉尼娜和热带气旋引发暴雨洪涝，在红河三角洲、湄公河三角洲和中部造成生命和财产的重大损失。2018 年 12 月，越南多省发生暴雨洪涝，造成约 5 人死亡，使得 23 126 间房屋被淹，6 965 公顷稻田不同程度受损，10 080 米长海岸、河岸出现塌方滑坡，278.2 公顷水产养殖面积被淹没或受损，64 624 米长道路受损、交通受阻。

2. 农业生产

干旱、洪水对农田尤其水稻田造成损失。2000 年发生在湄公河三角洲的洪水造成 401 342 公顷水稻田、85 234 公顷农田和 16 215 公顷水产养殖场的严重受灾。此外，越南农业地区也深受海水入侵的严重滋扰，造成槟榔、茶荣、前江和金瓯等省土壤严重盐渍化。气候变化同样影响农业生产潜力，预计到 2070 年，越南春季水稻产量将下降 11.6%，夏季水稻产量也将下降 4.5%。

3. 生态安全

过去几十年，在气温上升、降雨减少和土地用途改变的共同作用下，越南的森林火灾逐渐呈上升的趋势，2002～2005 期间每年大约 9 000 到 12 000 公顷森林被烧。而海平面上升、季风与暴风雨加速海岸侵蚀，导致大量红树林被摧毁。此外，气候变化可能导致亚热带湿润森林被热带干旱森林代替，预计半落叶阔叶林的面积到 2050 年将下降 66%。

4. 沿海和海洋资源

海水入侵影响沿海地区人民的生活和生计。海岸侵蚀越来越严重，已经影响到越南的水产养殖业。2019 年，越南九龙江三角洲 13 个省市中的 8 个省份遭受严重的海水入侵，入侵距离达 40～67 千米，高出往年平均水平 10 至 15 千米。根据一些气候变化预测方案，到 21 世纪末，海平面可能上升 1 米，预计九龙江三角洲面积的 40%、红河平原面积的 11% 和其他沿海省份面积的 3%将被海水侵蚀，而胡志明市有可能被海水侵蚀的面积占 20%，直接受影响的人口占 10%～12%，总损失可占国内生产总值的 1%[①]。

5. 人类健康

研究表明，人类疾病如疟疾、登革热、腹泻、霍乱和其他传染病的疫情与极端气候事件如干旱和洪水的发生有关。登革热在越南的平原和中部沿海成为年度传染病，疫情与厄尔尼诺指数密切相关。由于降雨变化、淡水供应污染和海平面入侵，该区域水传播疾病的发生率可能上升，预计痢疾的发病率和死亡率也将上升。

---

① https://zh.vietnamplus.vn/越南必须做好适应全球气候变化影响的准备/42832.vnp。

（二）适应措施

1. 管理机构

在越南，自然资源与环境部领导下的气象、水文和气候变化部门是该国气候变化活动的联络点。2007 年 7 月越南成立了国家筹备指导委员会，来执行《联合国气候框架公约》和《京都议定书》。2007 年 8 月，总理第 130 号决议确立了许多支持气候变化行动的融资机制与政策。2007 年 12 月，总理委任自然资源与环境部协同其他相关部门确立国家响应气候变化目标计划。

2. 国家法律、政策

为应对气候变化，越南相继颁布了一系列相关法规，包括：2001～2020年减灾和管理的第 2 次国家战略和行动计划（2001 年）；2010 年至 2020 年国家环境保护战略（2003 年）；执行 UNFCCC 下京都议定书的指令（2005 年）；越南政府总理阮晋勇签署《批准关于气候变化国家战略的决定》（2007 年）。2016 年，颁布《巴黎协定》实施计划，该计划的内容包括减少温室气体排放、适应气候变化、筹集资源、构建公开透明运行系统、制定并健全有关政策及体制等 5 项核心任务。2018 年，颁布有关适应气候变化、预防灾害的第 76 号决议，目的是提高越南各地主动预防自然灾害和应对气候变化的能力，力争最大限度地预防和降低自然灾害造成的人员和财产损失，为实现可持续发展、确保国防安全等创造条件。2019 年，与菲律宾和孟加拉国共同起草关于气候变化和人权的决议并提交联合国人权理事会，注重提高妇女应对气候变化能力。

3. 适应行动计划

越南早在 2008 年即发布了《应对气候变化国家目标计划》。计划的主要行动包括：评估气候变化对越南的影响；确定响应气候变化的措施；发展应对气候变化的科技计划；加强应对气候变化影响在组织上、政策上和制度上的能力建设；提高认识和发展人力资源；加强国际合作。

近年来，针对各部门进行了一系列的适应行动（表 3–7），还积极开展相关研究项目，包括：分析气候变化对越南影响的社会经济和物理方法（1996～1998年）；防灾和气候变化（2003～2005年）。在农业和水资源方面，通过革新水资源管理开发减少水稻种植中甲烷排放的模式（2002～2004年）。在沿海资源方面，开展越南沿海地带脆弱性评估（1994～1996年）；越南—荷兰海岸带综合管理项目（2000～2003年）；越南沿海湿地保护和发展项目（2001～2006年）；气候变化对香江盆地的影响及其沿海地区富旺（PhuVang）的适应措施（2005～2008年）。2016年底启动"越南应对气候变化创新中心"项目，该创新中心协助越南政府开展应对气候变化、推进绿色增长的方案和措施，为企业提供有关能源利用方案、信息技术、可再生能源、农业可持续发展、水资源管理等领域的咨询服务。

表3-7 越南适应行动一览表

部门	适应行动
水资源	对红河三角洲等的排水系统进行升级从而进行洪水控制
生态	自1993年开始实施大规模的造林项目
	修复红树林，削弱热带风暴与台风的影响
农业	推广小规模的灌溉计划，完善灌溉设施，鼓励农民使用抗旱作物品种
沿岸系统	在湄公河三角洲对百万余户家庭的房屋进行增高工程，抵御海岸侵蚀
人类健康	引入以登革热繁殖宿主的幼虫为食的剑水蚤，从源头上控制登革热的发生

第三节 应对气候变化的案例与经验

一、案例分析

（一）苏联时期中亚开发

苏联中亚地区，包括哈萨克斯坦、吉尔吉斯斯坦、塔吉克斯坦、土库曼斯坦和乌兹别克斯坦五个国家，在过去 60 年里经历了巨大的社会经济和环境变化。第二次世界大战后，苏联粮食供应困难。为了解决这一问题，苏联组织了一次大规模的全国垦荒运动。1954 年 3 月 2 日，苏共中央全会通过了关于进一步增加粮食生产和开垦荒地的决议。据不完全统计，几年间全苏共开垦荒地 4 180 万公顷，其中哈萨克斯坦 2 550 万公顷，占全苏垦荒总面积的 61%。由于耕地面积迅速扩大，粮食产量也大幅增加。至 1956 年，即垦荒的第三年，哈萨克斯坦的粮食产量就增至 2 382.3 万吨，相对于 1950 年的 476.5 万吨，增长了四倍，全苏粮食供应的紧张状况得以缓解。同时，咸海流域也成为苏联最大的棉花生产和农产品出口基地，也是重要的瓜果、蔬菜生产基地。随着现代土地资源开发活动规模和强度的迅速增加，原有的以游牧为主的生产方式向绿洲灌溉农业转变，一大批新兴的人工绿洲和灌溉区出现（熊立兵，2005）。

由于中亚地区跨界水资源分布极不均衡，苏联时期为了弥补水资源与耕地资源在空间上分布不匹配的状况，提高该地区的农业产量，政府对水资源实行集中管理，确立了"劳动分工"原则，推行用水配额和损失补偿制度，上游国家重点建设各类水利调节设施，为下游提供水、电保障，下游国家重点发展灌溉农业和工业，并向上游国家提供能源和工业品与农产品。苏联的有效协调在一定程度上缓解了水资源分配的矛盾（蒲开夫，2008）。然而，与气温升高有关的气候变化在许多地区变得越来越明显，气候变化引起了水循环的变化，进而影响水资源在时间和空间上的重新分配和水资源量的改变，使本来水资源形势就很严峻的中亚地区水资源的跨界利用更加复杂化。

近年来随着气候变化相关研究的展开，人们越来越关注气候变化对水资源缺乏的中亚地区的影响（Savitskiy *et al.*，2008）。目前国内外研究主要集中在气候变化对中亚地区水资源可能带来的影响以及面对气候变化中亚地区应采取的适应措施两个方面。不管是苏联时期还是苏联解体后，中亚应对气候变化都是采取适应战略。不幸的是，苏联解体前后适应气候变化的发展历史充满了短期有效但长期不可持续的例子。如，哈萨克斯坦的"The Virgin Lands program"，哈萨克斯坦、吉尔吉斯斯坦和土库曼斯坦的游牧民被迫定居和集体化，Kara-Kum 运河的建设（在中亚造成了巨大的环境和健康危机，尽管最初的目的是适应干旱气候、提高农业生产力和供水）以及南部引进的大规模灌溉；土库曼斯坦试图控制里海和卡拉博加兹戈尔湾的工程措施，也是典型的长期无法持续的短期适应措施（Lioubimtseva *et al.*，2009）。自发适应的重点是效果而不是初始的动机，这些短期的反应性适应往往会在较长期内加剧不利的环境变化。

目前一些适应性战略可以有效缓解苏联政府遗留下来的问题，应对气候变化对中亚的不利影响。例如，农业多样化和种植豆类及适合气候的水果和蔬菜，以及采用保护性耕作的做法，可以加强粮食安全，同时减少用水量，减少大气中的净碳通量。用更有效的滴灌系统取代现有的开放灌溉运河水系，可以大大减少蒸发水的损失，同时改善作物生产力，减少土壤盐碱化和水污染，减少病媒传播疾病和水传播疾病传播的风险（Ososkova *et al.*，2000）。

所以为了更好地应对气候变化，实现经济、社会发展与环境保护相协调，各国有必要制定与水管理相关的适应方案，实现信息的共享与公平、更改种植计划、建立不同范围的管理机构和灵活的管理政策，并建立预警机制，更好地应对极端气候事件的发生，逐步实现水资源的综合管理。

（二）应对咸海水资源危机

苏联时期对中亚的开垦确实增加了粮食产量，推动了经济的发展，同时过度的农业开发也急剧消耗了中亚本就稀缺的水土资源，再加上 20 世纪 70 年代盛行于北非—中亚的年代际降水偏少及 20 世纪 80 年代以来的全球气候变暖，使得咸海水位大幅下降，造成了咸海水资源危机。

咸海曾经是中亚一个巨大的咸水终端湖，位于哈萨克斯坦和乌兹别克斯坦交界处、克孜勒库姆沙漠的中部（Glazovsky，1995）。它的流域面积为 200

多万平方千米，涉及 7 个国家（乌兹别克斯坦、土库曼斯坦、哈萨克斯坦、阿富汗、塔吉克斯坦、伊朗）。咸海是世界上第四大内陆水体，仅次于亚洲的里海、北美的苏必利尔湖和非洲的维多利亚湖，是一个咸水湖，适合淡水鱼种生存，并作为一个关键的区域运输路线支撑着渔业的发展，还支持灌溉农业、畜牧业、狩猎和诱捕、捕鱼以及作为牲畜的饲料和建筑材料的芦苇的收获（付颖昕，2009；姚海娇等，2014）。

作为一个终端湖泊，咸海只有地表流入，没有地表流出。因此，其水位基本是由两个主要进水河流锡尔河（现注入北咸海）和阿姆河（注入南咸海，现注入东咸海和西咸海）的流量决定的。咸海的水位一直很稳定，每年的流入量和净蒸发量基本相当（Micklin，2007）。然而自 20 世纪 60 年代以来，水位急剧下降，到 2009 年 9 月已经分为四个独立的水体，最大水位下降超过 26 米，面积减少 88%，水量下降 92%，盐度增加了 20 倍以上，由此引发了咸海水资源危机。

咸海流入量减少的原因既有气候原因，也有人为作用（Siegfried *et al.*，2012；Micklin，1988；Micklin，1991）。20 世纪 70 年代一系列的干旱年份，特别是 1974~1975 年，使阿姆河和锡尔河两河产流区的年流量减少了约 300 亿立方米，大幅低于此前 45 年的平均水平。1982 年至 1986 年期间也出现了低流量。然而，河流流量减少的最重要因素是大量消耗性的抽取（即从河流中抽取的水没有返回给河流），这其中绝大多数用于农业灌溉。在"自然"条件下，由于这些河流穿过沙漠流经三角洲时蒸发、蒸腾和过滤的损失，只有大约一半的水会流入咸海。20 世纪 60 年代以前的灌溉用水量较少，并没有显著减少咸海的流入量；而从 1960 年到 2009 年，灌溉面积从 500 万公顷增长到 794 亿公顷左右，现有的河流流量无法满足如此大面积的灌溉需求，大大超出了可持续性的程度（Unger-Shayesteh *et al.*，2013）。咸海的衰退给生态、经济和人类福祉造成了严重的负面影响。为了应对咸海水资源危机，苏联政府采取了以下 4 种措施：

（1）提高灌溉效率。在戈尔巴乔夫领导时期，咸海盆地扩大灌溉的计划有所缩减。此外，复垦机构在重建旧的灌溉系统，实现整个流域水分配和输送系统的自动化和远程控制，使用更有效的水应用技术（例如，洒水车、滴水和地下），推广使用模拟优化模型，以最大限度地减少投入，并在给定一组生产目标和约束条件下最大限度地提高产量。20 世纪 80 年代初，咸海盆地灌溉系统的平均效率（田间有效用水与抽水的比率）约为 60%，是苏联所有地区中最低的。以 1980 年 1 200 亿立方米的灌溉提取量为基数，将平均系统效率从 60% 提高到 74% 至 80%，相同灌溉面积的抽水量将每年减少 230 亿立方米至 300 亿立方米。然而，由于灌溉地区的回灌流量随着效率的提高而减少，河流流量的净增加量也随之减少，因而并不能达到预期的节水目标。由于供水情况日益严峻，1982 年该区域推出了一项限制用水计划，强制降低了作物的用水量，并将灌溉系统的平均效率提高到近 70%（Micklin，2010）。

（2）补充咸海水平衡的另一个方法是将灌溉排水引入咸海。苏联专家估计，20 世纪 80 年代初，咸海盆地灌溉农田每年产生 340 亿立方米的排水，其中约 130 亿立方米在沙漠中蒸发或在洼地中积累，仅约 210 亿立方米返回河流，不足以弥补水量减少。并且，灌溉排水是盐水，浓度通常超过 3 克/升，同时含有农药和除草剂残留，排水应在流入咸海之前进行净化和脱盐。（Bortnik，1996）。

（3）1976 年苏共二十五大正式提出了"北水南调"的计划，即把西伯利亚部分河水引调到中亚地区，这是一个具有经济意义和科学技术论据的方案——"图尔盖方案"。根据这一方案，计划修建一条长约 2 546 千米、宽 120～170 米、平均深度 12 米的大运河："西伯利亚—咸海运河"，可从西伯利亚调水 600 亿立方米。这一水利工程的规模之大，不仅在苏联国内，而且在世界上也是罕见的。

（4）苏联解体后，中亚各国为缓解咸海水资源危机于 1992 年建造了一个土堤，以阻止小咸海的水外流，提高其水位，降低其盐度，并改善其生态和渔业条件。这个临时建筑只有一个粗糙的涵洞，向南咸海放水。虽然堤坝在 1990 年代被破坏并多次修复，但它确实大大降低了盐度，改善了生物多样性和渔业。1999 年 4 月中旬，该堤坝被完全摧毁。2005 年，世界银行和哈萨克斯坦政府资助建造了一个 13 千米长的堤坝，以阻止锡尔达里亚河流入大咸海，保护小咸海。现在堤坝的排放门已经打开，水流再次被允许流向大咸海，小咸海的水位也将稳定地保持在 42 米（Micklin，2007）。

措施（1）和（4）对缓解咸海水资源危机起了一定作用，措施（2）由于水量有限及水质问题，对缓解水资源危机的作用甚微，措施（3）因为过高的成本一直未付诸实施。目前政府正在努力改善锡尔河三角洲下游湿地和湖泊的生态条件，提高渔业潜力，尽管这些湿地和湖泊并不那么重要。在气候变化背景下，虽然区域气候变化难以解读，但中亚气候问题专家、乌兹别克斯坦塔什干水文气象管理局局长警告性地指出，与 1961～1990 年基准期相比，到 2030 年咸海盆地不同地区的气候变暖，气温升幅约为 0.5～3.5 ℃。这将导致夏季延长、炎热，作物用水需求增加，灌溉需求增加，这可能减少改善灌溉带来的总用水节余，并减少流入咸海的水量。

（三）应对极端气候事件

中亚在经历水土资源危机的同时，极端气候事件频发，其中影响较大的是极端干旱事件。2000～2001 年，一场异常干旱影响到中亚，影响极其广泛，涉及水资源、农业、畜牧业、环境生态系统、公共卫生等各个方面。

（1）干旱对当地水循环有很大的影响。人类活动较少的河流源头对干旱非常敏感。干旱时期，高温会改变冰雪融化时间，并且山区降水越少，水源地区的积雪积累就越少。如果持续时间足够长，降水不足和高温将导致土壤干燥，对作物生长和牲畜健康产生负面影响，加剧已经存在的水危机；此外，也会使河流流量和湖泊蓄水量下降。除了河流流量的减少，长期的干旱也可能导致地下水水位的下降，对农业和工业及家庭部门的供水造成负面影响。

由于半干旱和干旱生态系统对河流高度依赖，如果没有足够的水资源供应，下游和末端湖泊生态系统将受到很大的影响。咸海的干涸被认为是由于灌溉引水和降水减少造成的。在干旱时期，因为更多的水被用于灌溉和工业，阿姆河和锡尔河流入咸海的水量比正常年份少，受2000～2001年干旱影响，河流流量减少了35%～40%，流入咸海的水量仅为20亿立方米/年。咸海的干涸对当地气候和生态系统产生了显著影响，导致干旱日数增加，可能高达300%（Issanova *et al.*，2017）。

（2）干旱对中亚农业造成极大打击。土壤水分胁迫对传统的雨养农业区和牧场的破坏程度较高。例如，在土库曼斯坦，牧场的生产力在干旱期间大幅度降低，在正常年份，2公顷的牧场可以喂养一只羊，而在极度干旱的年份，大约需要30公顷。此外，由于水资源匮乏，大规模灌溉农田也受到严重影响，据报道，干旱年份雨水灌溉土地的收成可以减少40%和30%（Guo *et al.*，2018a）。

（3）干旱可能导致一系列的环境问题。在干旱和半干旱地区，土地表面覆盖着疏松细密的物质，因此，干旱和大风很容易引发沙尘暴。如果没有足够的水来过滤盐分，土壤盐渍化也是一个干旱引起的环境问题。严重的干旱，会加速沙漠化进程，反照率的增加减少了大气降水，导致气候荒漠化（Guo *et al.*，2018b）。

（4）此外，许多社会和经济问题也与干旱有关，包括粮食安全、环境难民、营养不良和与水有关的疾病等（WHO，2001）。2000～2001年的干旱，导致农业生产直接经济损失约为8亿美元，这大致相当于塔吉克斯坦GDP的5%（世界银行，2005年）。干旱致使雨养地区的农业大幅减产，受灾农村的居民损失了高达80%的收入，贫困率大幅上升，营养不良及与水有关的疾病变得更加普遍。

2000～2001年的干旱使各机构做出反应，获得了处理灾害管理规划和业务的经验和能力。但是他们缺乏准备和协调战略，主要重点仍然是紧急反应和恢复。中亚大多数国家，为规划和减轻未来干旱的影响而制定和执行的长期方案仍处于早期阶段，其传统的做法如下：

（1）整个区域都有节水技术方面的投资，传统的减轻干旱战略在牧区系统中是最强的，可以从中吸取经验，包括移民、土地使用权互惠；跨流域小型水利基础设施修建（例如，在苏联时期，人工自流井系统被建立起来，它作为一个储水系统，将水的可用性扩展到春雪融化之后）；兽医服务；自我和互相保险业务。在一些国家，土地使用者正在恢复这些制度，这开辟了以需求为驱动的新的参与方法，并已在塔吉克斯坦实施（Rumer，2015）。

（2）自苏联时期以来中亚国家应对干旱的措施都是"响应"：土地利用规划、情景假设、培训、有针对性的推广服务、市场开发、有针对性地修复水利基础设施等（Pannier，2000）。具体措施包括：开发地下水；灌溉系统现代化（采用循序渐进的方法种植作物，并应用注射法灌溉和无压滴灌，城市污水灌溉）；在关键流域安装流量计；建设地表水储存设施；提高农业地下水的定价；提高公众节水意识。

自苏联时期以来，一些中亚国家的技术、行政和财政能力已经下降。他们现有的能力是将干旱作为紧急情况做出反应，而不是设法查明和管理干旱危险因素。糟糕的规划实际上会加剧干旱的影响，并错失减少干旱的机会。大多数国家都有协调应急准备机构以及反应和恢复系统，接下来需要在中央一级各机构之间、地方一级各机构之间进行真正的信息交流与合作，并在更多的社区参与和支持下进行。改善信息和升级水文气象检测系统是优先事项，在伙伴组织的支持下，各国正在加强各级天气预报和水文监测。

根据世界银行的报告，中亚各国已经建立了在干旱条件下管理流域水资源的系统，不过还需要改进立法，规范水的抽取、使用和排放。尽管取得了一定的进展，但是中亚仍然易受干旱的影响，中亚国家必须制定应对气候变化的政策，开发可替代的环境友好型能源和提高能源使用效率，还应为执行这些政策筹措资金。将预防气候变化和适应气候变化的政策和活动纳入社会经济发展政策，各国应改进部门间的协调，将适应气候变化和减排的新技术和新方法的转让与当地专家相关知识和技能的培训相结合，建立和发展当地的生产、服务行业。气候变化领域政策的制定和实施过程应公开透明，各国政府和政府机构需要广泛协商，并在做出决定时考虑到公共组织的意见。

二、经验总结

（一）社会经济系统

1. 设立相关机构

为了应对气候变化，"一带一路"沿线很多国家成立了专门机构，统筹气候变化相关政策的制定与实施。对于中亚西亚干旱区（CWA）（各区域的地理范围详见图1-1，下同），阿联酋在2006年成立环境与水资源部，后更名为气候变化与环境部，负责国内外气候变化相关事务的管理及适应，制定减缓气候变化政策和措施的实施；埃及综合政府及非政府各利益有关方成立了气候变化委员会；卡塔尔成立了气候变化国家最高委员会，是该国气候变化相关事务的最高管理机构。巴基斯坦于1995年成立了内阁气候变化委员会，旨在为应对气候变化提供政策协调，2004年更名为总理气候变化委员会，还成立了自主的全球变化影响研究中心（GCISC）作为总理气候变化委员会的秘书处（Khan *et al.*，2016）。

在孟印缅温暖湿润区（BIM），印度在2007年5月成立了气候变化影响专家委员会，6月份又成立了高级别的气候变化委员会（时宏远，2012）。印度还启动了一项国家气候变化行动计划（NAPCC），其中包括8个"国家使命"，在促进发展的同时有效地解决气候变化问题，其中包括国家气候变化战略知识使命（NMSKCC）。该使命由科技部实施，旨在创建一个新的气候科学研究基金，改进气候模型，加强国际合作，以更好地促进气候科学，了解气候变化的影响和挑战；它还鼓励私营部门通过风险投资基金开发适应和减缓技术。该使命设定了具体目标，为实现各种目标建立了 10 个主题知识网络，制定了区域气候模型，并建立了 11 个技术观察组（Chandel *et al.*，2016）。

　　在东南亚温暖湿润区（SEA），新加坡国家发展部建立了一个综合机构工作组来审查本国现有的应对气候变化的基础设施，新加坡国家环境部也成立了新加坡能源效率项目办公室。菲律宾于 2007 年创立气候变化总统工作组，由环境部部长和资源部部长共同主持，负责与气候变化相关的活动。泰国专门成立了国家变化小组气候变化委员会，2007 年升级为国家气候变化委员会（NCCC），由总理担任主席，同年还设立了温室气体公共管理组织（TGO），由国家气候变化委员会负责制定政策，温室气体公共管理组织负责项目的具体实施。越南在 2007 年 7 月成立执行《联合国气候框架条约》和《京都议定书》的筹划指导委员会。柬埔寨国家环境部成立了一个跨部级的项目指导委员会，目的是为国家适应气候变化行动纲领的执行提供政策指导和支持，同时还成立了国家适应气候变化行动小组。在印度尼西亚，环境部下设气候变化部门，是国家气候问题的主管机构，此外，还建立了一个国家气候变化委员会和一个相关的筹划指导委员会（汪亚光，2010）。

2. 提高公众认知

　　对于蒙俄寒冷干旱区（MR），俄罗斯 2011 年开始逐步引入电器的能源标签（Korppoo and Kokorin，2017），同时邀请各个领域的专家通过座谈会、研讨会、电台访问、直接交流等多种形式进行介绍，向公众普及关于气候变暖的相关知识，增强大众对于气候变化影响的认识（毛艳，2010）。此外，政府开发了一个以节能与提高能源利用效率为主题的信息宣传应用系统，并通过政府拨款进行节能减排培训（陈强，2016）。

3. 提高能源利用效率

　　提高能源利用效率一般从监管和经济措施两个方面着手。蒙俄寒冷干旱区（MR）的俄罗斯、巴基斯坦干旱区（PAK）的巴基斯坦、孟印缅温暖湿润区（BIM）的印度分别采取了如下应对措施：

俄罗斯通过了新的《节能和提高能效法案》，从 2011 年 1 月起俄罗斯的组织或公司建筑物及 2012 年 1 月起的住宅建筑需要计量水、天然气、热能和电力，每五年在各级政府机构、公共机构、能源部门和主要能源使用组织进行能源审计；同时，法规规定了有关能源消耗的要求，禁止使用 100 瓦以上的白炽灯泡（Korppoo *et al.*，2017）。同时，俄罗斯对电力、热力生产商和网络运营商实行长期关税，希望通过增加投资回收期的确定性来鼓励对基础设施的资本投资，同时采用投资税收抵免、加速折旧工具，以及三年按 1.5 的系数扣除研发成本等措施鼓励企业能效投资，以此提高能源利用效率（Korppoo *et al.*，2017）。

巴基斯坦在提高建筑效率和运输燃料效率领域进行了一定干预，包括将现有火力发电站从燃料油转换为天然气；通过联合循环发电厂和综合煤气化联合循环发电厂实现高效发电；通过加速在主要城市扩大建设公共交通系统并增加混合动力汽车的使用来减少车辆排放；在夏季减少空调负荷，使建筑物更节能。2016 年巴基斯坦已有近二百五十万辆汽车改用 CNG 燃料（Khan *et al.*，2016）。

国家提高能源效率使命是印度国家气候变化行动计划中八个国家使命之一。印度在 2001 年出台了"节约能源法"，其主要任务是：推行创新机制，例如执行、实现和交易（PAT），这是大型能源消耗行业减少能耗和节能证书交易的强制性机制；能源激励措施，包括降低节能电器的税收；通过市政、建筑和农业部门的需求侧管理项目，为公私合作伙伴关系融资建立适当的机制，以减少能源消耗。在 PAT 机制下，通过建立部分风险担保基金和风险投资基金，可以通过公共部门银行提供能效融资平台。在能源效率市场转型和能源服务公司的推广下，已启动了超高效的设备项目。国家可持续生活环境使命是印度行动计划的另一个国家使命，旨在建立可持续的生活环境，从城市生活方面提高能源利用效率（高翔等，2016），主要举措包括：扩展现有的节能建筑规范；注重城市废物管理、废物回收利用和废物发电；执行汽车燃油经济性标准，并采用定价措施鼓励购买节能汽车；鼓励使用公共交通工具（Chandel et al.，2016）。2007 年节能建筑规范开始应用于印度的新旧建筑物，并于 2013 年纳入中央公共工程部（Central Public Works Department，CPWD）的电气工程通用规范（ECBC，2009）。绿色建筑规范已成为 CPWD 的强制性要求，自 2009 年起生效并纳入 2012 年 CPWD 工作手册，旨在节约建筑行业的能源。此外，印度计划逐步淘汰效率低下的燃煤电厂，支持超临界技术的研究和开发，并根据《2003 年电力法案》和 2006 年国家关税政策规定，中央和国家电力监管委员会必须从可再生能源购买一定比例的电网电力。2001 年《节约能源法》引入了大型能源消耗行业的电器能源审计和能源标签。

4. 发展清洁能源

东南亚温暖湿润区（SEA）的马来西亚、中亚西亚干旱区（CWA）的哈萨克斯坦、蒙俄寒冷干旱区（MR）的俄罗斯、巴基斯坦干旱区（PAK）的巴基斯坦以及孟印缅温暖湿润区（BIM）的印度均在不遗余力地推动清洁能源的发展。

马来西亚在 2011 年通过了可再生能源法案，主要是分配建立特殊关税制度，以促进可再生能源并为其相关活动提供资金，大力发展包括水电、太阳能、生物质能等可再生资源（Bujang et al.，2016）。哈萨克斯坦国家战略计划到 2020 年建设 34 个风电场，总容量为 1787 兆瓦，建成 28 座太阳能发电站，总容量为 713.5 兆瓦（Karatayev et al.，2016）。俄罗斯在 2009 年通过了《2030 年前能源战略》，促进俄罗斯能源转型，从传统的石油、天然气、煤炭等转向核能、太阳能和风能等；该战略指出，俄罗斯在 2030 年前利用非常规能源发电将不少于 800 亿～1 000 亿千瓦时（毛艳，2010）。

巴基斯坦政府大力发展水电、风电等，主要措施包括：2016 年第一个 6 兆瓦容量的风车已投入运行，正在进行 18 个风力发电项目的工作，每个项目的装机容量为 50 兆瓦；建造新的核电厂；批准建造装机容量为 4500 兆瓦的

Bhasha 大坝水电站（Khan *et al.*，2016）。阿联酋计划 2020 年可再生能源比例要达到 7%左右，在 2013 年已经实现了 100 兆瓦的太阳能发电装机计划（许小婵，2017）。

为了促进太阳能发电技术，印度新能源和可再生能源部在 2010 年实施了 Jawaharlal Nehru 国家太阳能任务，主要目标是推广印度太阳能发电。该任务设定了一个雄心勃勃的目标，到 2022 年部署 2 000 万千瓦并网太阳能发电，通过长期政策举措和技术研发，以及关键原材料、零部件和产品的生产，降低了太阳能发电成本，实现电网电价平价，这将在满足国家能源需求方面发挥重要作用。该任务与国家可持续生活环境使命结合，为六个部门制定了标准：固体废物管理，水和卫生，雨水排放，城市规划，能源效率和城市交通。另外，印度创建了国家清洁能源基金，用于资助风电潜力评估和基于发电的激励方案，同时规定了政府对可再生能源的购买义务（Renewable Purchase Obligation，RPO），采购标准最初设定为电网总采购量的 5%，每年增加 1%，为期 10 年。除 RPO 外，必须通过竞争性招标购买可再生能源，以取代传统能源。中央和州政府设立了一个核查机制，以确保购买最低规定的可再生能源（Chandel *et al.*，2016）。

（二）农业系统

农业是各国关注的重点，尤其是"一带一路"沿线的众多干旱半干旱地区。农业方面应对气候变化主要从作物品种、灌溉等方面着手。蒙俄寒冷干旱区（MR），为了适应气候变化，俄罗斯出台了《农工综合体抗灾及恢复生产所需费用的原则建议》，通过水、养分和空气的搭配管理，尽量减少气候变化对农业生产的影响。该建议提出了一些节能减排及保墒的措施，比如使用抗旱早熟品种、合理搭配轮作品种、推广农业机械化作业和调峰节水，避免太阳光直射，控制水分蒸发，增加土壤腐殖质等（陈强，2016）。

巴基斯坦干旱区（PAK），巴基斯坦农业适应活动的重点是以可持续的方式确保农业生产力（Tubiello *et al.*，2010），主要措施包括：（1）通过生物技术，开发抗热应激、抗旱抗洪、高效利用水资源的高产作物品种；（2）通过减少灌溉供水网络的损失来增加灌溉用水的可用性；（3）通过改进灌溉方法和实践以及节水技术，并结合使用高产高效作物品种，实施"每滴水增产"战略；（4）通过发展不易受气候变化影响的动物品种和改善动物饲料来增加牛奶和肉类产量（Tubiello *et al.*，2010）。

孟印缅温暖湿润区（BIM），印度农业部实施了国家可持续农业使命，旨在通过开发适应气候变化的作物，扩大天气保险机制和农业实践来支持农业气候适应（Chandel *et al.*，2016）。中亚西亚干旱区（CWA），埃及在2009年成立了埃及国家农业研究中心，负责开发和培育耐高温的农业新品种（许小婵，2017）。

（三）生态系统

1. 水资源保护

水分胁迫是衡量人类受气候变化影响的有用指标。"一带一路"沿线有许多地区已经面临较大的水资源压力，气候变化很可能加重这一压力。孟印缅温暖湿润区（BIM），由于气候变化导致未来水资源短缺的情况可能会恶化，印度在国家气候变化行动计划（NAPCC）中的一个"国家使命"就是国家水资源使命，由国家水资源部实施，目标是将水资源利用效率提高20%。为完成这一使命，印度水资源部与亚洲开发银行签署了备忘录，为制定防洪减灾和洪泛区管理战略提供技术援助（Chandel *et al.*，2016）。

巴基斯坦干旱区（PAK），为了提高对水资源的调度能力，巴基斯坦计划到2030年，通过建设一系列大型水利工程，新建18座水库，以提高现有12.5座水库的蓄水能力（由于泥沙淤积，水库库容每年减少0.2座）。对大型水库进行配套建设的是中小型水库建设综合规划和地下水库补给措施。巴基斯坦同时还进行调查，以利用地下水蓄水层作为储水设施。在水资源保护工作中，另外一项正在进行的主要计划是运河和灌溉渠的衬砌，以节约用水量并减少渗漏损失（Khan *et al.*，2016）。

地处中亚西亚干旱区（CWA）的阿联酋是一个水资源匮乏的国家，该国的淡水来源主要是海水淡化系统。海水淡化需要较高的成本，并且产生碳排放。因此，阿联酋政府在 2012 年规定所有建筑物必须安装节水设备，到 2020 年节水量超过 20%，在建筑施工方面，用水量需要减少 30%（许小婵，2017）。

2. 提高森林覆盖率

孟印缅温暖湿润区（BIM），印度国家气候变化行动计划（NAPCC）中包括绿色印度计划，由环境和森林部实施。该任务的主要目的是将印度森林覆盖率从 23%扩大到 33%，并加强碳储存、水资源和生物多样性保护、燃料木材、饲料、木材和非木材林产品等方面的生态系统，增加约 300 万生活在森林及其周围的人的以森林为基础的生计（Chandel *et al.*，2016）。巴基斯坦干旱区（PAK），巴基斯坦进行了许多造林项目，如 Rachna Doab 造林项目，并在每年春季开展植树活动，2009 年 7 月 15 日，一天内破纪录地种植了多达 541 176 棵树苗（Khan *et al.*，2016）。

3. 保护脆弱生态系统

巴基斯坦执行了由当地和外国专家基于一项研究提出的建议，该研究估计 Kotri 拦河坝以下所需的最低水流，以检查海水入侵和维持印度河三角洲的生态；同时，制订恢复退化的红树林和海洋生态系统的计划，并计划采取重大干预措施以促进渔业发展。目前正在进行的一项主要干预措施是将咸水用于水产养殖。此外，在一些其他脆弱生态系统领域，除了造林和再造林活动，巴基斯坦还计划对牧场进行管理，通过种植耐盐、快速生长的草、灌木和树木作为饲料，回收近 600 万公顷受盐影响的荒地和大片沙漠；同时建立受威胁和濒危物种的国家数据库，以鼓励人工繁殖，促进生物多样性的迁地保护，计划将保护野生动植物的面积从 2009～2010 年的 11.6%增加到 2015 年的 12.0%（Khan *et al.*，2016）。

在孟印缅温暖湿润区（BIM），喜马拉雅生态系统是典型的脆弱生态系统，在气候变化背景下，喜马拉雅生态系统的稳定受到了巨大的威胁；同时，喜马拉雅生态系统提供森林覆盖，冰川为多条主要河流提供水源，这些河流是印度饮用水、灌溉和水力发电的来源。喜马拉雅冰川的衰退可能对该国构成重大危险。因此，维持喜马拉雅生态系统使命作为八大国家使命之一写入了印度国家气候变化行动计划（NAPCC），并于 2010 年启动，其主要目标是保护喜马拉雅地区的生物多样性、森林覆盖和生态稳定，以保护喜马拉雅生态系统和退化的冰川。该任务由印度科技部实施，涵盖所有 12 个印度喜马拉雅州。主要措施包括：建立网络和加强知识机构；在喜马拉雅地区现有机构中建立气候变化中心；喜马拉雅生态系统健康监测观测网络建设；与周边国家在冰川学方面的区域合作（Chandel *et al.*，2016）。

马尔代夫作为岛屿国家，极易受到与气候变化紧密相关的海平面升高、降水、海面温度、风暴活动、海浪变化和海洋酸化的影响。马尔代夫政府于 2010 年 2 月启动了"将气候变化风险纳入马尔代夫的弹性岛屿规划"计划。相对于加强基础设施或物理恢复能力等"硬"适应措施，该计划更多的是采取较小规模、资本密集程度较低的"软"措施，如种植红树林或改善沿海植被。它通过将气候脆弱性以及缓解这些漏洞的工具和技术定义并整合到"综合风险降低计划"中来促进降低风险（Sovacool，2012）。

参考文献

柴麒敏、祁悦、傅莎："推动'一带一路'沿线国家共建低碳共同体"，《中国发展观察》，2017 年。

陈强："俄罗斯应对全球气候变化的科技举措及其对我国的启示"，《全球科技经济瞭望》，2016 年。

迪丽努尔·托列吾别克、李栋梁："近 115a 中亚干湿气候变化研究"，《干旱气象》，2018

年。

方一平、秦大河、丁永建："气候变化适应性研究综述——现状与趋向",《干旱区研究》, 2009 年。

付颖昕："中亚的跨境河流与国家关系"（硕士论文）, 兰州大学, 2009 年。

高翔、朱秦汉："印度应对气候变化政策特征及中印合作",《南亚研究季刊》, 2016 年。

黄云松、黄敏："浅析印度应对气候变化的政策",《南亚研究》, 2010 年。

居辉、秦晓晨、李翔翔、孙茹："适应气候变化研究中的常见术语辨析",《气候变化研究进展》, 2016 年。

毛艳："俄罗斯应对气候变化的战略、措施与挑战",《国际论坛》, 2010 年。

潘家华、郑艳："适应气候变化的分析框架及政策涵义",《中国人口•资源与环境》, 2010 年。

皮军："东南亚国家对气候变化问题的政策响应",《广西财经学院学报》, 2010 年。

皮军："气候变化对东南亚经济的影响",《南洋问题研究》, 2010 年。

蒲开夫、王雅静："中亚地区的生态环境问题及其出路",《新疆大学学报（哲学人文社会科学版）》, 2008 年。

钱征宇："青藏铁路多年冻土区主要工程问题及其对策",《中国铁路》, 2002 年。

任小波、曲建升、张志强："气候变化影响及其适应的经济学评估——英国'斯特恩报告'关键内容解读",《地球科学进展》, 2007 年。

时宏远："印度应对气候变化的政策",《南亚研究季刊》, 2012 年。

孙振清、刘滨、何建坤："印度应对气候变化国家方案简析",《气候变化研究进展》, 2009 年。

汪亚光："东南亚国家应对气候变化合作现状",《东南亚纵横》, 2010 年。

王江丽、赖先齐、帕尼古丽•阿汗别克、李鲁华："中亚与新疆绿洲农业的比较",《干旱区研究》, 2013 年。

王文涛、曲建升、彭斯震 等："适应气候变化的国际实践与中国战略", 气象出版社, 2017 年。

王志芳："中国建设'一带一路'面临的气候安全风险",《国际政治研究》, 2015 年。

吴青柏、程国栋、马巍、刘永智："青藏铁路适应气候变化的筑路工程技术",《气候变化研究进展》, 2007 年。

吴绍洪、罗勇、王浩、高江波、李传哲："中国气候变化影响与适应：态势和展望",《科学通报》, 2016 年。

熊立兵、杨恕、鲁地："亚洲中部干旱区水环境变迁及其生态环境效应",《甘肃科技》, 2005 年。

许小婵："中东国家应对气候变化法律与政策研究",《世界农业》, 2017 年。

姚海娇、周宏飞："中亚地区跨界水资源问题研究综述"，《资源科学》，2014 年。

于胜民："中印等发展中国家应对气候变化政策措施的初步分析"，《能源与环境》，2008 年。

袁从、赵强基、郑建初、赵剑宏、刘华周："农业技术的综合评价指标初探"，《生态与农村环境学报》，1995 年。

周可法、张清、陈曦等："中亚干旱区生态环境变化的特点和趋势"，《中国科学：地球科学》，2006 年。

Amundsen, H., F. Berglundand H. Westskog, 2010. Overcoming Barriers to Climate Change Adaptation—A Question of Multilevel Governance? *Environment and Planning C: Government and Policy*, 28(2).

Barr, R., S. Fankhauserand K. Hamilton, 2010. Adaptation Investments: a Resource Allocation Framework. *Mitigation & Adaptation Strategies for Global Change*, 15(8).

Barros, V., T. F. Stocker , 2012. Managing the Risks of Extreme Events and Disasters to Advance Climate Change Adaptation: Special Report of the Intergovernmental Panel on Climate Change. *Journal of Clinical Endocrinology & Metabolism*, 18(6).

Basnayake, B.R.S.B, 2007. *Climate Change. In: The National Atlas of Sri Lanka.* Survey Department of Sri Lanka, Colombo, Sri Lanka.

Berrang-Ford, L., J. D. Fordand J. Paterson, 2011. Are We Adapting to Climate Change? *Global Environmental Change*, 21(1).

Bizikova, L., J. E. Parry, J. Karami *et al.*, 2015. Review of Key Initiatives and Approaches to Adaptation Planning at the National Level in Semi-arid Areas. *Regional Environmental Change*, 15(5).

Bortnik, V. N., 1996. *Changes in the Water-level and Hydrological Balance of the Aral Sea Basin.* Springer, Berlin, Heidelberg.

Brenkert, A. L., E.L. Malone, 2005. Modeling Vulnerability and Resilience to Climate Change: A Case Study of India and Indian States. *Climate Change*, 72(1).

Bujang, A. S., C.J. Bernand T.J. Brumm, 2016. Summary of Energy Demand and Renewable Energy Policies in Malaysia. *Renewable & Sustainable Energy Reviews*, 53.

Challinor, A.J., J. Watsonand D.B. Lobell *et al.,* 2014. A Meta-analysis of Crop YIeld under Climate Change and Adaptation. *Nature Climate Change*, 4(4).

Chambwera, M., 2010. Climate Change Adaptation in Developing Countries: Issues and Perspectives for Economic Analysis. *Modern Language Journal*, 82(1).

Chandel, S., S., R. Shrivastva, V. Sharma *et al.,* 2016. Overview of the Initiatives in Renewable Energy Sector under the National Action Plan on Climate Change in India. *Renewable and*

Sustainable Energy Reviews, 54.

Chandrapala, L., 2007. *Rainfall: In The National Atlas of Sri Lanka*. Survey Department of Sri Lanka, Colombo, Sri Lanka.

Conway, G. R., G.R.P.J. Conwayand G.R.B.E. Conway, 1986. Agroecosystem Analysis for Research and Development. *Agroecosystem Analysis for Research & Development*, 1.

Cruz, R. V., H. Harasawa., M. Lal. *et al*., 2007. *Asia. Climate Change 2007: Impacts, Adaptation and Vulnerability. Contribution of Working Group II to the Fourth Assessment Report of the Intergovernmental Panel on Climate Change*. Cambridge University Press, Cambridge, UK.

Debasish, C., S.V. Kumar, D. Rajkumar *et al*., 2018. Changes in Daily Maximum Temperature Extremes across India over 1951~2014 and their Relation with Cereal Crop Productivity. *Stochastic Environmental Research and Risk Assessment*, 32(11).

Di Paola, A., L. Caporaso, F. Di Paola *et al*., 2018. The Expansion of Wheat Thermal Suitability of Russia in Response to Climate Change. *Land Use Policy*, 78.

ECBC, 2009. *Bureau of Energy Efficiency*. New Delhi.

Ford, J. D., L. Berrang-Ford and A. Bunce *et al*., 2015. The Status of Climate Change Adaptation in Africa and Asia. *Regional Environmental Change*, 15(5).

Glazovsky, N. F., 1995. *The Aral Sea Basin In Regions at Risk Comparisons of Threatened Environments*, edited by Kasperson, J. X., R.E. Kasperson and B.L. Turner II. Tokyo, Japan, United Nations University Press.

Government of India, 2008. *National Action Plan on Climate Change.*

GRID-Arendal, 2017. *Outlook on Climate Change Adaptation in the Central Asian Mountains.* [WWW document] URL.

Guo, H., A. Bao, T. Liu *et al*., 2018a. Spatial and Temporal Characteristics of Droughts in Central Asia during 1966~2015. *Science of the Total Environment*, 624.

Guo, H., A. Bao, F. Ndayisaba *et al*., 2018b. Space-time Characterization of Drought Events and their Impacts on Vegetation in Central Asia. *Journal of Hydrology*. 564.

Hewawasam, V. and K. Matsui, 2019. Historical Development of Climate Change Policies and the Climate Change Secretariat in Sri Lanka. *Environmental Science & Policy*, 101.

Hu, Z. Y., C. Zhang, Q. Hu *et al*., 2014. Temperature Changes in Central Asia from 1979 to 2011 based on Multiple Datasets. *Journal of Climate*, 27(3).

IGES, CAREC, 2012. *Gap Analysis on Adaption to Climate Change in Central Asia*. Hayama: Institute for Global Environmental Strategies.

Immerzeel, W. W., L.P.H. Van Beek and M.F.P. Bierkens, 2010. Climate Change will Affect the

Asian Water Towers. *Science*, 328(5984).

IPCC. 2014. *Climate Change 2014: Impacts, Adaptation, and Vulnerability. Part A: Global and Sectoral aspects. Contribution of Working Group II to the Fifth Assessment Report of the Intergovernmental Panel on Climate Change*. Cambridge, United Kingdom and New York, NY, USA: Cambridge University Press.

Issanova, G., J. Abuduwaili, 2017. *Introduction and Status of Storms in Central Asia and their Environmental Problems. Aeolian Proceses as Dust Storms in the Deserts of Central Asia and Kazakhstan*. Springer, Singapore Karatayev, M., S. Hall, Y. Kalyuzhnova *et al.*, 2016. Renewable energy technology uptake in Kazakhstan: Policy drivers and barriers in a transitional economy. *Renewable and Sustainable Energy Reviews,* 66.

Khan, M. A., J. A. Khan, Z. Ali *et al.*, 2016. The Challenge of Climate Change and Policy Response in Pakistan. *Environmental Earth Sciences*, 75(5).

Kharlamova, N. F., V.S. Revyakin, 2006. *Regional Climate and Environmental Change in Central Asia Environmental Security and Sustainable Land Use — with Special Reference to Central Asia*. Springer Netherlands.

Korppoo, A., A. Kokorin, 2017. Russia's 2020 GHG Emissions Target: Emission Trends and Implementation. *Climate Policy*, 17(2).

Lioubimtseva, E., G.M. Henebry, 2009. Climate and Environmental Change in Arid Central Asia: Impacts, Vulnerability, and Adaptations. *Journal of Arid Environments*, 73(11).

Mannig, B., M. Müller, E. Starke *et al.*, 2013. Dynamical Downscaling of Climate Change in Central Asia. *Global & Planetary Change*, 110(110).

Mehvar, S., A. Dastgheib, T. Filatova *et al.*, 2019. A Practical Framework of Quantifying Climate Change-driven Environmental Losses (QuantiCEL) in Coastal Areas in Developing Countries. *Environmental Science & Policy,* 101.

Micklin, P.P., 1988. Desiccation of the Aral Sea: A Water Management Disaster in the Soviet Union. *Science*, 241(4870).

Micklin, P.P., 1991. *The Water Management Crisis in Soviet Central Asia*. The Carl Beck papers in Russian and East European Studies, No. 905. The Center for Russian and East European Studies, Pittsburgh.

Micklin, P. P., 2007. The Aral sea disaster. *Annual Review of Earth and Planet Sciences*, 35.

Micklin, P. P., 2010. The Past, Present, and Future Aral Sea. *Lakes & Reservoirs: Research & Management*, 15(3).

MMD&E, 2016. *National Adaptation Plan for Climate Change Impacts in Sri Lanka*, Climate Change Secretariat, Ministry of Mahaweli Development and Environment, Sri Lanka.

Mitchell, D., R.B. Williams, D. Hudson *et al.*, 2017. A Monte Carlo Analysis on the Impact of Climate Change on Future Crop Choice and Water Use in Uzbekistan. *Food Security*, 9(2).

Narain, U., S. Margulisand T. Essam, 2011. Estimating Costs of Adaptation to Climate Change. *Climate Policy*, 11(3).

Ososkova, T., N. Gorelkin and V. Chub, 2000. Water Resources of Central Asia and Adaptation Measures for Climate Change. *Environmental Monitoring and Assessment*, 61(1).

Pal, I., A. Al-Tabbaa, 2011. Regional Changes of the Severities of Meteorological Droughts and Floods in India. *Journal of Geographical Sciences*, 21(2).

Pannier, B., 2000. *Central Asia: Drought Decimating Crops*. RFE/RL Daily Report.

Park, Deok-Young, O. Parviz, 2016. *Central Asian Legal and Policy Responses to Climate Change*. Social Science Electronic Publishing.

Pollner, J., J. Kryspinwatson and S. Nieuwejaar, 2010. *Disaster Risk Management and Climate Change Adaptation in Europe and Central Asia*. Washington DC: World Bank.

Premalal, K.H.M.S., 2009. *Weather and Climate Trends, Climate Controls and Risks in Sri Lanka*. Presentation made at the Sri Lanka Monsoon Forum, April 2009. Department of Meteorology, Sri Lanka.

Premalal, K.H.M.S., B.V.R. Punyawardena, 2013. *Occurrence of Extreme Climatic Events in Sri Lanka*. Proceedings of the International Conference on Climate Change Impacts and Adaptations for Food and Environment Security, Hotel Renuka, Colombo.

Prime Minister's Council on Climate Change, 2008. National Action Plan on Climate Change(NAPCC).

Punyawardena, B.V.R., S. Mehmood, A.K. Hettiarachchi *et al.*, 2013. Future Climate of Sri Lanka: An approach through dynamic downscaling of ECHAM4 General Circulation Model(GCM). *Tropical Agriculturist*, 161.

Revi, A., 2008. Climate Change Risk: an Adaptation and Mitigation Agenda for Indian cities. *Environment and Urbanization*, 20(1).

Reyer, C.P.O., I.M. Otto, S. Adams *et al.*, 2017. Climate Change Impacts in Central Asia and their Implications for Development. *Regional Environmental Change*, 17(6).

Rumer, B.Z., 2015. *Central Asia: A Gathering Storm?* New York: Routledge.

Rupakumar, K., G.B. Pantand B. Parthasarthy *et al.*, 1992. Spatial and Sub Seasonal Pattern of the Long-term Trends of Indian Summer Monsoon Rainfall. *International Journal of Climatology*, 12(3).

Sathischandra, S.G.A.S., B. Marambe and R. Punyawardena, 2014. Seasonal Changes in Temperature and Rainfall and its Relationship with the Incidence of Weeds and Insect Pests in rice (Oryza sativa L) cultivation in Sri Lanka. *Climate Change and Environmental Sustainability*, 2(2).

Savitskiy, A.G., M. Schlüterand R.V. Taryannikova *et al.*, 2008. *Current and Future Impacts of Climate Change on River Runoff in the Central Asian River Basins. Adaptive and Integrated Water Management*. Springer, Berlin, Heidelberg.

Siegfried, T., T. Bernauerand R. Guiennet *et al.*, 2012. Will Climate Change Exacerbate Water Stress in Central Asia? *Climatic Change*, 112(3~4).

Sovacool, B.K., 2012. Expert Yiews of Climate Change Adaptation in the Maldives. *Climatic Change*, 114(2).

Tambo, J.A., T. Abdoulaye, 2012. Climate Change and Agricultural Technology Adoption: the Case of Drought Tolerant Maize in Rural Nigeria. *Mitigation & Adaptation Strategies for Global Change*, 17(3).

Tubiello, F., M. Van der Velde, 2010. *Land and Water Use Options for Climate Change Adaptation and Mitigation in Agriculture*, SOLAW Background Thematic Report—TR04A. New York: GET-Carbon.

UNFCCC, 2006. Technologies for Adaptation to Climate Change.

Unger-Shayesteh, K., S. Vorogushyn, B. Merz *et al.*, 2013. Introduction to "Water in Central Asia—Perspectives under Global Change". *Global and Planetary Change*, 110.

World Health Organization. Health Aspects of the Drought in Uzbekistan 2000~2001. Technical Field Report Series. Retrieved from http://reliefweb.int/report/uzbekistan/health-aspects-drought-uzbekistan_2000_2001. Accessed on July, 14: 2012.

Zhang, M., Y. Chen , Y. Shen *et al.*, 2017. Changes of Precipitation Extremes in arid Central Asi. *Quaternary International*, 436.

第四章 应对气候变化的"一带一路"国际合作

随着"一带一路"建设的深入推进，气候变化问题受到越来越多沿线国家的关注。"一带一路"沿线地区的绿色可持续发展关乎全球应对气候变化成效，"一带一路"国际合作有助于推进沿线国家携手应对气候变化，为构建人类命运共同体作出更大贡献。主要结论包括：

（1）沿线国家面临的气候问题相近，碳排放水平相对较高，适应气候变化能力建设不足，大多是气候变化影响的重灾区，也是气候变化谈判中的重要力量，为新时期南方国家之间相互合作以及提高国际气候治理话语权提供了关键机遇。

（2）以沿线国家为主体已经形成了一系列双多边及区域性合作机制与平台。通过强化双多边能源合作、绿色资金融通、绿色产业技术转移转化、南南合作援助、气候变化培训、防灾减灾国际合作等，"一带一路"沿线国家应对气候变化的国际合作卓有成效。

（3）结合现有的政府间合作平台及亚洲基础设施投资银行、丝路基金、中国气候变化南南合作基金等渠道，沿线国家应对气候的国际合作有助于推动沿线各国人民共享"一带一路"低碳共同体的共建成果，分享经济社会低碳转型的绿色效益。

第一节 国际合作进程

应对气候变化是绿色"一带一路"建设的重要组成部分（柴麒敏等，2019；丁金光和张超，2018）。为推动"一带一路"绿色发展，2017 年中国环境保护部发布了《关于推进绿色"一带一路"建设的指导意见》和《"一带一路"生态环境保护合作规划》，国家发展改革委和能源局发布了《推动丝绸之路经济带和 21 世纪海上丝绸之路能源合作愿景与行动》，均凸显了气候变化议题在"一带一路"国际合作中的重要地位。在 2017 年举办的"一带一路"国际合作高峰论坛，中国国家主席习近平强调践行绿色发展的新理念，倡导绿色、低碳、循环、可持续的生产生活方式，加强生态环保合作，建设生态文明，共同实现 2030 年可持续发展目标；在第二届"一带一路"国际合作高峰论坛开幕式上，习近平主席进一步强调同有关国家一道，实施"一带一路"应对气候变化南南合作计划，深化农业、卫生、减灾、水资源等领域合作，同联合国在发展领域加强合作，努力缩小发展差距。

一、历史进程

为缓解全球气候变化，对温室气体的限制性排放已达成全球共识。自《京都议定书》《巴黎协定》等一系列协议达成以来，碳排放总量控制已成为各国碳减排的主要方式，并逐渐成为国际碳减排合作的基础。进入 21 世纪以来，南方国家，尤其是以中国为代表的新兴经济体的崛起以及相互之间合作规模的扩大与方式的强化，正在推动重塑传统上一直由北方发达国家主导的全球气候治理格局。以《联合国气候变化框架公约》缔约方会议为代表的气候变化会议及其主要转向见表 4-1。沿线各国参与应对气候变化主要分为如下阶段。

表 4–1 《联合国气候变化框架公约》缔约方部分会议及其转向

会议时间	会议地点	关键节点	会议转向
1992 年 6 月	巴西里约热内卢会议	通过了《气候变化框架公约》，该公约是世界上第一个应对全球气候变暖的国际公约。	会议规定发达国家有义务作出表率,并为发展中国家提供必要的技术及资金支持。
1997 年 12 月	日本东京会议（COP 3）	通过了《京都议定书》，首次以法规的形式限制温室气体排放，其积极作用在于使世界联合起来减少二氧化碳等温室气体的排放量。	进一步明确了发达国家减排温室气体的法律义务。
2007 年 12 月	印度尼西亚巴厘岛会议（COP 13）	通过了"巴厘岛路线图"，具有重要的里程碑意义。	推动"巴厘岛路线图"的达成和落实，要求所有发达国家都必须履行可测量、可报告、可核实的温室气体减排责任。
2009 年 12 月	丹麦哥本哈根会议（COP 15）	签署了《哥本哈根议定书》。	中国提出减排计划，彰显了中国减少经济发展中二氧化碳排放量的坚定决心。
2014 年 12 月	秘鲁利马会议（COP 20）	各国政府及金融机构对投资发展中国家低碳项目作出承诺，计划到 2015 年底筹集 2 000 亿美元资金。	南南合作高级别论坛成为中国角的常设边会。
2015 年 11 月～12 月	法国巴黎会议（COP 21）	会议通过《巴黎协定》，各方同意结合可持续发展的要求和消除贫困的努力，加强对气候变化威胁的全球应对。协定同时指出发达国家应继续带头，努力实现减排目标，发展中国家则应依据不同的国情继续强化减排努力，并逐渐实现减排或限排目标。	将"2020 年后每年提供 1 000 亿美元帮助发展中国家应对气候变化"作为底线,提出各方最迟应在 2025 年前提出新的资金资助目标。
2016 年 11 月	摩洛哥马拉喀什会议（COP 22）	《巴黎协定》正式生效后的首次联合国气候变化大会。	中国设立了气候变化南南合作基金。

续表

会议时间	会议地点	关键节点	会议转向
2017年11月	德国波恩会议（COP 23）	美国宣布退出《巴黎协定》后第一次进行的缔约方大会，首次由小岛国国家担任主席国的峰会。	中国代表团在会场内设立"中国角"并举办了"一带一路"绿色发展与气候治理系列会议，邀请气候变化、能源、金融等领域专家和发展中国家政府代表共同探讨气候变化相关的资金、技术、合作方式与机制等问题。
2018年12月	波兰卡托维兹会议（COP 24）	全面落实了《巴黎协定》各项条款要求，体现了公平、"共同但有区别的责任"、各自能力原则，为协定实施奠定了制度和规则基础。	中国代表团在会场内举行多场中国角边会，主题涉及低碳发展、碳市场、南南合作、气候投融资、绿色"一带一路"等领域。
2019年12月	西班牙马德里会议（COP 25）	各方同意在 2020 年的气候大会前提出应对气候变化的新承诺，但在减排力度、为受气候变化影响国家提供资金支持、国际碳排放交易市场机制等议题存在严重分歧。	中国代表团在会场内设立中国角，科技部社发司和 21 世纪议程管理中心联合主办《第四次气候变化国家评估报告》主题边会，在国际平台系统展示"一带一路"沿线地区气候变化评估相关进展。

资料来源：联合国气候变化框架公约网站[①]

（一）《联合国气候变化框架公约》和《京都议定书》明晰了应对气候变化的国际合作基本框架

《联合国气候变化框架公约》[②]由联合国大会于 1992 年 5 月通过，并于同年 6 月在巴西里约热内卢召开的联合国环境与发展会议期间签署。《联合国气候变化框架公约》是世界上第一个应对全球气候变暖的国际公约，也是国际社会在应对全球气候变化问题上进行国际合作的基本框架。根据"共同但

[①] 资料来源：https://newsroom.unfccc.int/process-and-meetings。

[②] 资料来源：https://newsroom.unfccc.int/process-and-meetings。

有区别的责任"原则，公约对发达国家和发展中国家规定的义务以及履行义务的程序有所区别，要求发达国家作为温室气体的排放大户，采取具体措施限制温室气体的排放，并向发展中国家提供资金以支付他们履行公约义务所需的费用。

1997 年，在日本京都召开的第 3 次缔约方大会（Conference of the Parties，COP 3）签署了《联合国气候变化框架公约京都协定书——全体委员会提出的草案》（即《京都议定书》）。《京都议定书》首次以国际性法规的形式限制温室气体排放，旨在限制发达国家温室气体排放量以应对全球气候变化。《京都议定书》的达成标志着 2020 年后的全球气候治理进入新阶段，具有里程碑式的意义。发达国家和发展中国家开始将气候治理引入贸易和金融领域，共同寻求完善的气候治理机制。在此阶段，由于不满当前的减排义务，美国于 2001 年拒绝批准《京都议定书》，不同国家对于实施议定书的具体规则和条件也有较大分歧。2007 年 12 月，在印尼巴厘岛举办的第 13 次缔约方大会（COP 13）通过了"巴厘岛路线图"，明晰发达国家有义务在技术开发和转让、资金支持等方面，向发展中国家提供帮助，发展中国家应努力控制温室气体排放增长等。在此阶段，南方国家和多数全球经济发展体和北方国家开展合作，发展中国家逐渐开始加入到减排的队伍当中，阐明了他们为气候变化所做出的努力，同时提出对应的减排计划，并尝试转变为落地的实质性成果。

（二）以中国为代表的发展中国家逐步推进应对气候变化南南合作

2009 年 12 月，联合国气候变化大会第 15 次缔约方会议（COP 15）于哥本哈根召开。在此次会议中，中国提出量化减排计划，彰显了发展中国家减少经济发展中二氧化碳排放量的决心，逐渐成为应对气候变化的主要参与者。在 2014 年召开的第 69 届联合国大会上，中国代表 77 国集团提出了"在联合国框架下大力发展南南合作"的提案并获得通过。自 2014 年利马气候大会

（COP 20）起，南南合作高级别论坛成为中国角的常设边会。2015 年 9 月，中国宣布设立南南合作基金以加强气候变化南南合作，成为中国执行气候变化南南合作业务、深度参与全球气候治理的重要支撑（柴麒敏等，2017）。在 2015 年底的巴黎峰会开幕式上，习近平主席宣布中国将实施"十百千"项目，即在发展中国家建设 10 个低碳示范区、开展 100 个减缓和适应气候变化项目及 1 000 个应对气候变化培训名额的合作项目，展现了南方国家参与气候治理和参与"一带一路"建设的决心。2015 年 12 月，《联合国气候变化框架公约》近 200 个缔约方在巴黎气候变化大会上达成《巴黎协定》，并于 2016 年 11 月正式生效，成为继《京都议定书》后第二份有法律约束力的全球气候协议。《巴黎协定》为 2020 年后全球应对气候变化行动做出了安排，也标志着全球应对气候变化进入历史性新阶段（杜祥琬，2016）。

2017 年 6 月，美国宣布退出《巴黎协定》。在没有美国参与的情况下，国际社会将希望寄托在了欧盟和中国的身上，希望两者成为应对气候变化的领头人（Wang and Wang，2017）。在此背景下，南方国家、尤其是新兴经济体的崛起，以及相互之间合作规模与合作方式的强化，正在推动重塑传统上一直由北方国家主导的全球治理格局。在 2017 年，《联合国气候变化框架公约》第 23 次缔约方大会（COP 23）联合国气候变化会议在德国波恩举办，由中国国家发展改革委及联合国南南合作办公室共同主办的"应对气候变化南南合作高级别论坛"，强调通过南南合作为全球合作应对气候变化尽一分力量。从这一时期开始，南方国家开始积极参与甚至引领气候大会的方向。

（三）"一带一路"沿线国家逐渐成为应对气候变化的新兴力量

自 2013 年"一带一路"倡议提出以来，沿线国家的碳排放问题一直受到全世界的高度关注。2017 年，第 23 次缔约方大会（COP 23）于德国波恩举办，中国代表团在会场内设立"中国角"并举办了"一带一路"绿色发展与气候治理系列会议。该系列边会邀请了气候变化、能源、金融等领域专家和发展中国家政府代表共同探讨气候变化相关的资金、技术、合作方式与机制等问题。2018 年，第 24 次缔约方大会（COP 24）于波兰卡托维兹召开，全球约 200 个国家和地区代表商讨落实《巴黎协定》的实施细则。大会期间，中国代表团在会场内举行多场中国角边会，主题涉及低碳发展、碳市场、南南合作、气候投融资、绿色"一带一路"等领域。2019 年 12 月，在西班牙马德里举办了联合国气候变化大会第 25 次缔约方大会（COP 25），即 2020 年之前最后一届气候大会。大会期间，中国科技部社发司和 21 世纪议程管理中心联合主办《第四次气候变化国家评估报告》中国角边会，在国际平台系统展示"一带一路"沿线地区气候变化评估相关进展。在"一带一路"框架下，中国与"一带一路"相关国家以适应和减缓全球变暖、促进气候变化方面的南南合作等方式为准则，采取了多项措施推动域内国家在气候治理方面的合作，对国际气候治理进程产生了并将继续产生积极的影响。

二、国际合作基础

在"一带一路"提出之初，应对气候变化即是"一带一路"建设的重要组成部分。与"一带一路"倡议相关的一系列文件中均包含关于应对气候变化的表述（见表 4–2）。总体来看，"一带一路"沿线陆域环境变化显著，普遍受到气候变化的严重冲击，未来灾害风险突出（详见第一章第三节）。"一带一路"沿线大多为新兴市场国家，经济增长迅速，发展需求逐渐增大。与此同时，沿线国家经济生产方式粗放，缺乏足够的资金和技术应对气候变化，减缓与适应气候变化能力不足。对"一带一路"沿线国家而言，应对气候变化既是共同面临的时代课题，也是开展国际合作的重要内容。通过加强绿色交通、绿色建筑、清洁能源等领域的合作，使用低碳、节能、环保材料与技术工艺，倡导绿色、低碳、循环、可持续的生产生活方式等，"一带一路"倡议有助于为沿线国家提供应对气候变化的平台，推动中国与沿线国家共同实现 2030 年可持续发展目标。

表 4-2 "一带一路"倡议与应对气候变化

名称	发布时间	发布部门	关于应对气候变化的主要论述
推动共建丝绸之路经济带和21世纪海上丝绸之路的愿景与行动	2015 年 4 月	国家发展改革委、外交部、商务部	强化基础设施绿色低碳化建设和运营管理,在建设中充分考虑气候变化影响。 在投资贸易中突出生态文明理念,加强生态环境、生物多样性和应对气候变化合作,共建绿色丝绸之路。
共建"一带一路":理念、实践与中国的贡献	2017 年 5 月	推进"一带一路"建设工作领导小组办公室	应对气候变化。中国为全球气候治理积极贡献中国智慧和方案,与各国一道推动达成《巴黎协定》,为协定提早生效做出重要贡献。积极开展气候变化南南合作,向"一带一路"沿线国家提供节能低碳和可再生能源物资,开展太阳能、风能、沼气、水电、清洁炉灶等项目合作,实施提高能效、节能环保等对话交流和应对气候变化培训。
关于推进绿色"一带一路"建设的指导意见	2017 年 5 月	环境保护部、外交部、国家发展改革委、商务部	推进绿色基础设施建设,强化生态环境质量保障。制定基础设施建设的环保标准和规范,加大对"一带一路"沿线重大基础设施建设项目的生态环保服务与支持,推广绿色交通、绿色建筑、清洁能源等行业的节能环保标准和实践,推动水、大气、土壤、生物多样性等领域环境保护,促进环境基础设施建设,提升绿色化、低碳化建设和运营水平。
"一带一路"生态环境保护合作规划	2017 年 5 月	环境保护部	落实基础设施建设标准规范的生态环保要求,推广绿色交通、绿色建筑、绿色能源等行业的环保标准和实践,提升基础设施运营、管理和维护过程中的绿色化、低碳化水平。 引导企业开发使用低碳、节能、环保的材料与技术工艺,推进循环利用,减少在生产、服务和产品使用过程中污染物的产生和排放。
推动"一带一路"能源合作愿景与行动	2017 年 5 月	国家发展改革委、国家能源局	落实2030年可持续发展议程和气候变化《巴黎协定》,推动实现各国人人能够享有、负担得起、可靠和可持续的现代能源服务,促进各国清洁能源投资和开发利用,积极开展能效领域的国际合作。

名称	发布时间	发布部门	关于应对气候变化的主要论述
共建"一带一路"倡议：进展、贡献与展望	2019 年 4 月	推进"一带一路"建设工作领导小组办公室	中国坚持《巴黎协定》，积极倡导并推动将绿色生态理念贯穿于共建"一带一路"倡议。 绿色之路。共建"一带一路"倡议践行绿色发展理念，倡导绿色、低碳、循环、可持续的生产生活方式，致力于加强生态环保合作，防范生态环境风险，增进沿线各国政府、企业和公众的绿色共识及相互理解与支持，共同实现 2030 年可持续发展目标。

资料来源：根据已有文献资料整理。

从经济发展水平来看，"一带一路"沿线地区经济发展相对滞后。与全球平均水平相对比，"一带一路"沿线国家人均国内生产总值仅为世界平均水平的一半，具有较大的增长潜力。"一带一路"沿线国家绝大部分是发展中国家，处于经济起飞前期或起飞阶段。其中，东南亚、东亚及西亚部分国家的经济增长相对较快，基础设施建设需求和制造业发展潜力巨大（刘卫东等，2019）。世界银行数据显示，仅东亚、东南亚和南亚地区占世界制造业产出已接近 1/2，东南亚、南亚部分地区逐渐成为世界制造业的中心[1]。值得注意的是，各国在工业化进程中逐步形成了以化石能源为主的能源供应体系，在经济发展的同时，如果能源使用及碳排放效率不能得到有效提升可能促使碳排放量大幅增加。

从碳排放总体水平来看，"一带一路"沿线地区占全球碳排放总量的比重整体趋于稳定，在 40%～60%左右浮动。沿线地区人均碳排放量总体低于全球均值，而碳排放强度相较全球平均水平具有较大差距，仍有较大的减排空间。"一带一路"沿线国家拥有丰富的石油、天然气、煤炭等资源，是世界经济发展的重要能源支持（Hao *et al.*，2017）。然而，沿线国家经济发展方

---

[1] 资料来源：https://data.worldbank.org/indicator

式较为粗放，能源利用效率相对较低，碳排放差距较为明显（傅京燕和司秀梅，2017；管开轩等，2019；Han *et al.*，2020）。从经济发展水平来看，"一带一路"沿线国家具有较大的发展潜力，但由于发展方式较为粗放，沿线地区与经济发展密切相关的碳排放问题也日益突出。

事实上，目前导致气候变化问题的温室气体有很大一部分是由于工业化进程中的历史排放，而未来低碳转型压力则可能主要来自于发展中国家。为应对气候变化，从 1995 年开始每年举行的世界气候大会，一贯主张发达国家减少碳排放、发展中国家限制碳排放、发达国家为发展中国家达成碳排放目标提供资金和技术支持。然而，碳排放权一定程度上与发展权关联紧密，少有国家愿意尽减排义务而使自身经济发展机会受到过多限制。美国、日本、加拿大等发达国家拒绝签署碳减排协议也为气候变化目标的落实增加了较大的不确定性（王文涛等，2018；庄贵阳等，2018）。

从生产贸易的角度来看，对外开放下的贸易自由化致使发展中国家过度依赖自然资源和能源出口，进而破坏了部分地区的生态环境（张彬和李丽平，2013）。从产业转移和外国投资的角度来看，由于发达国家的环境标准相对于发展中国家严格很多，发展中国家为了吸引外资可能成为发达国家的主要污染压力承载地区（Copeland and Taylor，2004）。从消费视角衡量环境责任，沿线地区整体碳排放效率相对较低，且整体承受了较大的碳泄漏压力（姚秋蕙等，2018；Han *et al.*，2018；Zhang *et al.*，2017）。与南北国家之间的贸易带来的环境问题相类似，一方面，"一带一路"建设将推动沿线国家的基础设施建设并刺激能源需求增长，这些能源需求有可能主要通过化石燃料来满足；另一方面，全球制造业活动可能会进一步向沿线国家转移，出口贸易会进一步刺激国内能源密集型产业的增长。

此外，在应对气候变化适应方面，"一带一路"沿线国家适应气候变化行动与发达国家相比较为缓慢，适应过程仍然存在较大障碍。尽管沿线各国在不同领域中采取了多样的适应措施，但总体进展有限，相关战略法规有待完善，技术的协同度有待提升，技术差距仍较明显，许多问题尚待解决（详见第三章第一节）。根据联合国环境署（United Nations Environment Programme，UNEP）发布的《2017年排放差距报告》，全球变暖可能带来长远的、不可逆转的影响，且实现全球长期温升控制目标仍面临较大挑战。沿线地区适应气候变化能力较为薄弱，在"一带一路"倡议下加强农业、水资源、陆地生态系统、海岸带与海洋生态系统等领域的合作，对进一步提升沿线国家适应气候变化能力具有重要意义。

值得注意的是，沿线国家是气候变化影响的重灾区，也是温室气体的重要排放区和气候变化谈判中的重要力量（丁金光和张超，2018）。发达国家在先进技术领域具有较大优势，但其减排空间不断缩小，未来气候目标的达成更多受发展中国家主导，这也为沿线国家开展绿色发展领域的经济技术国际合作提供了巨大潜力和广阔空间。受发展阶段所限，沿线国家共建"一带一路"必然包含大量基础设施、资源开发和制造业项目，而这些项目往往都属于高碳行业；与此同时，尽管大多沿线国家提出了量化的碳减排目标，做出了减缓和适应气候变化的承诺，然而大多数目标的落实取决于国际社会资金、技术、能力建设方面的支持（详见第二章第一节）。随着"一带一路"建设不断推进，沿线国家有必要更深入地参与到国际规则的制定过程中，为发展中国家谋求更多的发展权。在此背景下，中国提出"一带一路"倡议旨在打造开放、包容、均衡、普惠的区域经济合作架构（刘卫东，2015；Liu and Dunford，2016），为新时期南南合作以及提高国际气候治理话语权提供了关键机遇。绿色"一带一路"的提出有助于进一步落实发展中国家之间的联合，推动构建更具有可行性的南南国家气候变化合作框架，为长期难以达成协议的全球气候治理问题提供有效的解决思路。

第二节　国际合作进展

　　通过"一带一路"倡议，沿线各国逐步加强区域经济合作。截至 2020 年 1 月底，中国已经同 138 个国家和 30 个国际组织签署 200 份共建"一带一路"合作文件①。根据商务部数据统计，2018 年中国企业对"一带一路"沿线国家非金融类直接投资 156.40 亿美元，对外承包工程完成营业额 893.30 亿美元，占同期总额的 52%。此外，中国与沿线国家的海外项目合作形式不断优化，"一带一路"基础设施投资建设能力不断加强、规模逐渐扩大（刘卫东和姚秋蕙，2020）。随着"一带一路"倡议的推进，气候变化与低碳发展问题越发受到关注。在解决"一带一路"沿线国家的经济发展及能源需求的基础上，兼顾环境的可持续发展是"一带一路"合作亟待解决的问题（UNEP，2017）。

一、国际合作机制与平台

　　自 2013 年"一带一路"倡议实施以来，已经初步形成了一系列的多边合作平台与机制。随着"一带一路"倡议不断推进，共建"一带一路"国家已由亚欧大陆延伸至非洲、拉美、南太等区域。其中，"一带一路"国际合作高峰论坛是目前最重要的多边合作机制之一，中阿、中拉、中非三大合作论坛以及上海合作组织、中国—东盟"10+1"机制、亚太经合组织、亚欧会议等也均是多边合作机制的重要组成部分。结合《联合国气候变化框架公约》以及联合国气候变化大会、亚太经合组织领导人非正式会议、二十国集团峰会、上合组织峰会、"一带一路"国际合作高峰论坛、金砖国家峰会等多边平台，

---

　　① 资料来源：https://www.yidaiyilu.gov.cn/xwzx/roll/77298.htm

中国积极参与气候变化议题，推进气候谈判与合作。沿线地区应对气候变化的多边合作机制与平台见表4–3。

联合国气候变化大会。联合国气候变化大会是国际社会应对气候变化的多边会议，于1995年起每年在世界不同地区轮换举行。2017年12月，第23届联合国气候变化大会（COP 23）在德国波恩召开，中国代表团在会场设立"中国角"并举办了"一带一路"绿色发展与气候治理系列会议，探讨与气候变化相关的资金、技术、合作方式与机制等问题。2018年12月，中国代表团在联合国卡托维兹气候变化大会上举行多场中国角边会，主题涉及低碳发展、碳市场、南南合作、气候投融资、绿色"一带一路"等领域。2019年12月，在西班牙马德里举办的COP 25会议期间，中国代表团在会场内设立中国角边会，科技部社会发展司和21世纪议程管理中心联合主办的《第四次气候变化国家评估报告》主题边会，首次在国际平台系统展示"一带一路"沿线地区气候变化评估相关进展。

"一带一路"国际合作高峰论坛。2017年5月，第一届"一带一路"国际合作高峰论坛于北京举行，28个国家的元首和政府首脑出席该论坛。"一带一路"国际合作高峰论坛圆桌峰会联合公报中明确提出，"……在气候变化问题上立即采取行动，鼓励《巴黎协定》所有缔约方全面落实协定"。2019年4月，第二届"一带一路"国际高峰论坛于北京举办，并首次设立了绿色之路分论坛。绿色之路分论坛以"建设绿色'一带一路'，携手实现2030年可持续发展议程"为主题，旨在推动共建国家和地区落实可持续发展目标。同时，绿色之路分论坛发布了《"一带一路"绿色高效制冷行动倡议》《"一带一路"绿色照明行动倡议》和《"一带一路"绿色"走出去"倡议》，呼吁沿线国家在制冷、节能等领域共同应对气候变化。

南南合作平台。南南合作是发展中国家间的经济技术合作，是促进发展中国家多边合作的重要组成部分。1955年的万隆会议是南南合作的开端，并将每年的9月12日定为"联合国南南合作日"。2014年11月，南南合作可持续发展高级论坛在南非约翰内斯堡召开。在南南合作框架下，中国于 2015 年宣布出资 200 亿元人民币建立气候变化南南合作基金；2016 年启动应对气候变化南南合作"十百千"项目，在发展中国家开展 10 个低碳示范区、100 个减缓和适应气候变化项目及 1 000 个应对气候变化培训名额的合作项目，以帮助广大发展中国家应对气候变化。在历年联合国气候变化大会，中国代表团的中国角边会均设立有"应对气候变化南南合作高级别论坛"，用于探讨发展中国家应对气候变化问题。

G20 峰会。G20 是国际经济合作论坛，于 1999 年 12 月 16 日在德国柏林成立。作为国际经济合作主要论坛，G20 长期以来在推动气候变化国际合作领域发挥了重要作用。2016 年初，中国作为 G20 轮值主席国，在杭州举办第十一次峰会，倡议建立了绿色金融政策研究组，并在 G20 杭州峰会公报中，明确提出扩大绿色投融资，开展国际合作以推动跨境绿色债券投资。2018 年，G20 布宜诺斯艾利斯峰会期间，中国、法国及联合国共同举行了气候变化问题三方会议并发表新闻公报，提出支持多边主义，合作应对气候变化，为随后举行的卡托维兹大会达成《巴黎协定》实施细则创造了条件。

金砖国家领导人会议。第一届金砖国家领导人峰会于 2009 年 6 月举办，金砖国家领导人在俄罗斯举行首次会晤，正式启动了金砖国家之间的合作机制，并就国际金融机构改革、粮食安全、能源安全、气候变化等问题交换了看法。2018 年发布的《金砖国家领导人布宜诺斯艾利斯非正式会晤新闻公报》中强调，金砖国家会全面落实基于《联合国气候变化框架公约》的"共同但有区别的责任"和各自能力等原则的《巴黎协定》，敦促发达国家为发展中国家提供资金、技术和能力建设支持，增强发展中国家减缓和适应气候变化的能力。

亚太气候变化适应论坛。亚太气候变化适应论坛是亚太气候变化适应网络（Asia Pacific Adaptation Network，APAN）举办的旗舰活动，每届论坛轮流在亚太地区的不同国家举办。APAN 由联合国环境规划署（UNEP）于 2009

年启动和建设，是亚太地区第一个气候变化适应网络，旨在为该区域的气候变化适应参与者提供设计和执行适应措施的知识，帮助掌握相关技术和建设融资能力，并通过建设气候变化弹性和可持续的人力、生态和经济系统，将气候变化适应融入政府政策、战略和规划当中。

博鳌亚洲论坛。又称亚洲论坛，由 25 个亚洲国家和澳大利亚发起，于2001 年 2 月在海南宣布成立。2008 年 4 月，博鳌亚洲论坛 2008 年会举行"气候变化：改变我们的生活、改变我们的经济"分论坛。2016 年 3 月，博鳌亚洲论坛 2016 年年会于海南举办，并设立"全球气候治理的新格局"分论坛。2019 年 9 月，博鳌亚洲论坛在北京举行《"一带一路"绿色发展案例研究报告》发布会，选取了来自十多个国家的成功案例，总结了"一带一路"绿色发展的经验，从中国企业角度分析"一带一路"可再生能源合作的机遇和挑战。

东盟峰会。东盟首脑会议是东盟最高决策机构，会议每年举行两次，主席由成员国轮流担任。自 1976 年成立以来，东盟已举行了 23 届首脑会议，就东盟发展的重大问题和发展方向做出决策。2010 年 4 月，第 16 届东盟首脑会议在越南首都河内举行，会议通过了《东盟经济复苏和可持续发展联合声明以及东盟应对气候变化联合声明》，东盟各国领导人发表了《东盟气候变化声明》，重申了东盟在气候变化问题上的共同立场。2018 年 11 月，《中国—东盟战略伙伴关系 2030 年愿景》发布，强调中国与东盟国家在环保、水资源管理、可持续发展、气候变化合作等领域的合作。2019 年 11 月，东盟峰会11 月于泰国曼谷举办，东盟与中国就"一带一路"倡议与《东盟互联互通总体规划 2025》的对接合作达成共识，并积极评价各方在救灾能力建设方面的进展。

中国—阿拉伯国家合作论坛。又称中阿合作论坛，由中阿双方共同宣布成立。2016 年 5 月，第七届合作论坛于卡塔尔多哈举行，会议围绕"共建'一带一路'，深化中阿战略合作"议题，规划了中阿双方 18 大类 36 个领域的合作。2018 年 7 月，第八届中阿合作论坛部长级会议在北京开幕，习近平主席进一步强化"一带一路"建设。会议期间，中阿双方签署了《中阿合作共建"一带一路"行动宣言》，并提出顺应全球能源革命、绿色低碳产业蓬勃发展，加强和平利用核能、太阳能、风能、水电等领域合作，共同构建油气牵引、核能跟进、清洁能源提速的中阿能源合作格局。

另外，上海合作组织、亚洲相互协作与信任措施会议、亚欧会议、澜沧江—湄公河合作机制、中非合作论坛、中—拉共体论坛等也均是"一带一路"沿线地区的重要多边合作机制与平台，对于沿线国家共同应对气候变化具有重要意义。基于已有的国际合作机制与平台，中国生态环境部和中外合作伙伴共同发起成立"一带一路"绿色发展国际联盟，下设"全球气候治理和绿色转型伙伴关系"等 10 个专题伙伴关系，旨在推动将应对气候变化和绿色转型理念融入"一带一路"建设。2016 年，国家发展改革委国际合作中心牵头发起成立丝路国际产能合作促进中心，服务于"一带一路"国际产能合作，服务于国际产能合作企业联盟，为企业提供国际化、专业化、市场化的服务。2017 年，中国与沿线国家共同成立了"一带一路"能源合作伙伴关系，发布了《"一带一路"能源合作伙伴关系合作原则与务实行动》，并强调促进各国在清洁能源、能效领域的合作以应对气候变化。此外，中国政府依托现有的双边、多边合作机制，举办了一系列以绿色"一带一路"建设为主题的对话交流活动，包括在陕西西安举办的欧亚经济论坛生态与环保合作分会；在宁夏银川举办的"中国—阿拉伯国家环境合作论坛：绿色丝路与中阿环境合作伙伴关系"；在广西南宁举办的"中国—东盟环境合作论坛：环境可持续发展政策对话与研修"等。

表4–3 "一带一路"沿线国家应对气候变化多边合作机制与平台

名称	目标及宗旨
联合国气候变化大会	联合国气候大会是基于《联合国气候变化框架公约》召开的一系列缔约方会议，重点关注点主要在于全球气候的治理，最新一次联合国气候变化大会第25次缔约方会员于2019年11月在西班牙马德里举办。
"一带一路"峰会	"一带一路"国际合作高峰论坛是"一带一路"倡议提出以来最高规格的论坛活动，主要包括开幕式、圆桌峰会和高级别会议三个部分。通过主办高峰论坛，推进"一带一路"建设，为促进世界经济增长、深化地区合作打造更坚实的发展基础，创造更便利的联通条件。
南南合作平台	南南合作是发展中国家自力更生、谋求进步的重要渠道，也是确保发展中国家有效融入和参与世界经济的有效手段。南南合作平台为促进发展中国家金融界的沟通与交流，加强中国与其他国家间的双边与多边合作，主要就南南国家深化合作等议题展开讨论。
G20峰会	G20峰会是国际经济合作论坛，由原八国集团以及其余十二个重要经济体组成，旨在推动以工业化的发达国家和新兴市场国家之间就实质性问题进行开放及有建设性的讨论和研究，以寻求合作并促进国际金融稳定和经济的持续增长；2017年德国G20峰会正式成立可持续发展工作组（由能源组和气候组构成），推进清洁能源和气候研究与创新。
上海合作组织	上海合作组织成立于2001年6月15日，是哈萨克斯坦共和国、中华人民共和国、吉尔吉斯斯坦、俄罗斯联邦、塔吉克斯坦共和国、乌兹别克斯坦共和国在中国上海宣布成立的永久性政府间国际组织。
金砖国家峰会	金砖国家峰会是由巴西、俄罗斯、印度、南非和中国五个国家召开的会议，是新兴市场和发展中国家在经济、金融和发展领域交流与对话的重要平台。2012年金砖国家峰会提出成立金砖国家新开发银行的设想，2016年公布首批贷款项目并发行首只绿色债券。
亚太气候变化适应论坛	亚太地区第一个气候变化适应网络，通过建设气候变化弹性和可持续的人力、生态和经济系统，将气候变化融入政府政策、战略和规划当中，旨在为该区域的气候变化适应参与者提供设计和执行适应措施的知识，帮助掌握相关技术和建设融资能力，并通过建设气候变化弹性和可持续的人力、生态和经济系统，将气候变化适应融入政府政策、战略和规划当中。
博鳌亚洲论坛	该论坛为非官方、非营利性、定期的国际组织，为政府、企业及专家学者等提供共商经济、社会、环境及其他相关问题的高层对话平台，旨在推进亚洲国家实现发展目标，为凝聚亚洲共识、传播亚洲声音、促进亚洲合作、实现亚洲共赢做出贡献。

续表

名称	目标及宗旨
亚洲相互协作与信任措施会议	亚洲相互协作与信任措施会议现有俄罗斯、哈萨克斯坦、印度、土耳其等 26 个成员国，联合国、欧安组织、阿拉伯国家联盟等 12 个观察员国家或国际组织，同上海合作组织、国际移民组织、哈萨克斯坦人民大会等签署了合作文件，定期就涉及成员国安全与发展的问题进行探讨。
东盟峰会	东盟峰会主要就东盟发展的重大问题和发展方向做出决策。2019 年 11 月，东盟峰会在泰国曼谷举办，中东盟与中国就"一带一路"倡议与《东盟互联互通总体规划2025》的对接合作达成共识。
澜沧江－湄公河合作机制	澜沧江－湄公河合作机制是中国、柬埔寨、老挝、缅甸、泰国、越南等六国共商、共建、共享的平台，旨在鼓励可持续与绿色发展，加强清洁能源技术交流与转让。
中亚区域经济合作	中亚区域经济合作是 1996 年由亚洲开发银行发起成立的区域性合作机制，通过开展交通、能源、贸易政策、贸易便利化四大重点领域合作，促进成员国经济发展和民生改善。
中阿合作论坛	中阿合作论坛为中国同阿拉伯国家开展集体对话与务实合作的重要平台，旨在进一步发展中阿在各领域的友好合作关系。部长级会议为论坛长期机制，并在论坛框架下形成了中阿能源合作大会等其他机制。
海湾合作委员会	海湾阿拉伯国家合作委员会成立于 1981 年 5 月，是海湾地区最主要的政治经济组织，成员国包括阿联酋、阿曼、巴林、卡塔尔、科威特、沙特阿拉伯、也门，积极推动海湾区域经济一体化进程。
亚欧会议	亚欧会议成立于 1996 年，是亚洲和欧洲间重要的跨区域政府间论坛，旨在通过政治对话、经济合作和社会文化交流，增进了解，加强互信，推动建立亚欧新型、全面伙伴关系，于 2006 年 9 月发布《第六届亚欧首脑会议关于气候变化的宣言》。
中非合作论坛	中非合作论坛成立于 2000 年，是中国和非洲国家之间在南南合作范畴内的集体对话机制，论坛的宗旨是平等互利、平等磋商、增进了解、扩大共识、加强友谊、促进合作。
中国—拉共体论坛	由中国和拉共体成员国外交部牵头的政府间合作平台，主要机制包括部长级会议、中—拉共体"四驾马车"外长对话、国家协调员会议（高官会），旨在促进平等互利、共同发展的中拉全面合作伙伴关系发展。
中国—太平洋岛国经济发展合作论坛	中国—太平洋岛国经济发展合作论坛成立于 2006 年，是中国与太平洋岛国在经贸领域最高级别对话机制，是中国与太平洋岛国密切经济联系、促进共同发展的重要平台。

资源来源：根据现有文献资料整理。

能源是支撑社会经济发展的重要物质基础，以能源合作为基础"一带一路"沿线国家在能源领域逐渐形成了一系列多边合作机制。分地区来看，中国与东南亚地区主要以中国—东盟清洁能源能力建设计划以及湄公河区域合作为主，与中东、中亚、蒙俄地区等化石的资源较丰富国家主要开展油气合作，与中东欧地区的能源合作主要集中于清洁能源及能效提升等领域（吕江，2019）。2017 年 5 月，中国国家发展改革委与国家能源局共同发布了《推动丝绸之路经济带和 21 世纪海上丝绸之路能源合作愿景与行动》，对于推动各国能源务实合作具有重要意义。"一带一路"能源领域多边合作机制列于表 4–4。

表 4–4 "一带一路"沿线国家能源领域多边合作机制

名称	主要领域及合作成果	成员国
"一带一路"能源合作伙伴关系	发布《"一带一路"能源合作伙伴关系合作原则与务实行动》《"一带一路"能源合作伙伴关系部长宣言》等。	截至 2019 年 4 月，成员国总数已经达到 30 个，包括阿富汗、阿尔及利亚、阿塞拜疆、玻利维亚、柬埔寨、佛得角、乍得、中国、东帝汶、赤道几内亚、冈比亚、匈牙利、伊拉克、科威特、吉尔吉斯斯坦、老挝、马耳他、蒙古国、缅甸、尼泊尔、尼日尔、巴基斯坦、刚果（布）、塞尔维亚、苏丹、苏里南、塔吉克斯坦、汤加、土耳其及委内瑞拉。
二十国集团（G20）能源合作	发布《G20 能源可及性行动计划：能源可及自愿合作》《加强亚太地区能源可及性：关键挑战和 G20 自愿合作行动计划》等。	中国、阿根廷、澳大利亚、巴西、加拿大、法国、德国、印度、印度尼西亚、意大利、日本、韩国、墨西哥、俄罗斯、沙特阿拉伯、南非、土耳其、英国、美国以及欧盟等二十方组成。
上海合作组织能源俱乐部	上合组织框架下的非政府协商性机构，旨在协调改善能源安全、协调能源战略、促进能源生产、运输、消费协作等问题。	包括中国、俄罗斯、哈萨克斯坦、塔吉克斯坦、蒙古国、印度、巴基斯坦、阿富汗、伊朗、白俄罗斯、土耳其和斯里兰卡等国家。

续表

名称	主要领域及合作成果	成员国
亚太经合组织可持续能源中心	设立了"APEC可持续城市合作网络（CNSC）"和"亚太地区清洁煤技术转移（CCT）"，连续举办四届"亚太能源可持续发展高端论坛"。	亚太经济合作组织成员国。
东亚峰会清洁能源论坛	致力于分享清洁能源发展的成果和经验，探讨清洁能源发展的未来。	包括13个成员国即本区域13个国家（东盟十国及中日韩）和5个观察员即5个域外国家（美国、澳洲、新西兰、俄罗斯、印度），还有潜在的成员国蒙古国、东帝汶和潜在的观察员即巴基斯坦、欧盟。
联合国亚洲及太平洋经济社会委员会	联合国亚洲及太平洋经济社会委员会下设能源委员会，首次会议于2017年1月在泰国曼谷召开，2017年5月决定成立能源互联互通专家工作组。	截至2020年6月，包括62个成员（包括53个正式成员和9个准成员）。
中国—东盟清洁能源能力建设计划	2017年7月在第三届东亚峰会清洁能源论坛期间举行了启动仪式，推进"中国—东盟清洁能源能力建设计划"交流项目。	包括中国及东盟成员国。
大湄公河次区域能源合作	通过加强各成员国间的经济联系，促进次区域的区域能源合作。	包括中国、缅甸、老挝、泰国、柬埔寨和越南等国家。
中国—阿盟清洁培训中心	2018年7月，中国国家能源局和阿拉伯联盟秘书处在北京签署了《关于成立中阿清洁能源培训中心的协议》，旨在加强双方在清洁能源领域的交流与合作。	包括中国及阿盟成员国。
中国—中东欧能源项目对话与合作中心	统筹"16+1"内部及对外能源合作，推动中国—中东欧具体合作项目，发布了《中国—中东欧能源合作联合研究部长声明》和《中国—中东欧能源合作白皮书》。	包括中国、阿尔巴尼亚、爱沙尼亚、保加利亚、波黑、波兰、捷克、黑山、克罗地亚、罗马尼亚、拉脱维亚、立陶宛、马其顿、塞尔维亚、斯洛伐克、斯洛文尼亚、匈牙利等国家。
中国—欧盟能源合作平台	发布《关于落实中欧能源合作的联合声明》《中欧领导人气候变化和清洁能源联合声明》《中欧能源合作路线图》等。	包括中国及欧盟成员国。

续表

名称	主要领域及合作成果	成员国
中国—非洲能源合作中心	提高非洲能源基础设施的整体水平，为当地提供安全可靠廉价的能源供应。	包括中国及非洲国家。

资料来源：根据一带一路能源合作网资料整理①。

以"一带一路"沿线国家为主体形成的多边开发性金融机构，有助于为"一带一路"提供信贷、债券、股权投资、保险等多元化、创新性融资模式。其中，亚洲基础设施投资银行、金砖国家新开发银行、上合组织银联体、中国—东盟银联体、中国—中东欧银联体、中国—阿拉伯国家银联体等多边开发性金融机构稳步推进，并在应对气候变化领域开展了不同程度的合作，成为推动"一带一路"金融国际合作的重要力量。"一带一路"沿线多边开发性金融机构见表4-5。

表4-5 "一带一路"沿线多边开发性金融机构

名称	成立时间	主要领域及合作成果	成员国
亚洲基础设施投资银行	2015年12月	通过在基础设施及其他生产性领域的投资，促进亚洲经济可持续发展、创造财富并改善基础设施互联互通；与其他多边和双边开发机构紧密合作，推进区域合作和伙伴关系，应对发展挑战。	2014年10月24日，包括中国、印度、新加坡等在内21个首批意向创始成员国的财长和授权代表在北京签约，共同决定成立亚投行。截至2019年7月13日，亚投行有100个成员国。
金砖国家新开发银行	2015年7月	为金砖国家及其他新兴经济体和发展中国家的基础设施建设和可持续发展项目动员资源，截至2019年10月，新开发银行累计批准超过40个项目，承诺总金额超过120亿美元，用于支持金砖五国的可再生能源、环保和生态修复、城镇基础设施等领域的可持续发展项目。	中国、巴西、俄罗斯、印度、南非的政策性、开发性金融机构或国有商业银行组成。

① 资料来源：http://obor.nea.gov.cn/index.html

续表

名称	成立时间	主要领域及合作成果	成员国
上合组织银联体	2005 年 10 月	为区域经济合作提供全方面金融服务。	上合组织成员国的主要金融机构，包括哈萨克斯坦开发银行、中国国家开发银行、吉尔吉斯共和国结算储蓄银行、俄罗斯联邦外经银行、塔吉克斯坦共和国国家储蓄银行、巴基斯坦哈比银行，以及乌兹别克斯坦共和国对外经济活动银行。
中国—东盟银联体	2010 年 10 月	2017 年 11 月，中方宣布将设立 100 亿元等值人民币的中国—东盟银联体专项贷款，支持双方合作项目。	包括中国国家开发银行、文莱伊斯兰银行、柬埔寨加华银行、印尼曼迪利银行、老挝开发银行、马来西亚联昌国际银行、缅甸外贸银行、菲律宾 BDO 银行、新加坡星展银行、泰国开泰银行、越南投资发展银行等。
中国—阿拉伯国家银联体	2018 年 7 月	首期 30 亿美元中阿金融合作专项贷款，以及研究提供 100 亿美元重建与产业振兴贷款。	包括中国国家开发银行、埃及国民银行、黎巴嫩法兰萨银行、摩洛哥外贸银行、阿联酋阿布扎比第一银行等。
中国—中东欧银联体	2017 年 11 月	旨在推动中国—中东欧"16＋1 合作"框架下的多边金融合作，国家开发银行将提供 20 亿等值欧元开发性金融合作贷款，旨在通过银联体成员行间多双边金融合作，将资金引导至各成员行国家经济社会发展的薄弱环节和瓶颈领域，促进各国实体经济发展。	目前共有 14 家成员行，由中国和中东欧各国的政策性、开发性金融机构或国有商业银行组成。
中非金融合作银联体	2018 年 9 月	设立 100 亿美元的中非开发性金融专项资金，继续发挥中非发展基金、非洲中小企业发展专项贷款作用。	包括中国国家开发银行、南非联合银行、摩洛哥阿提加利瓦法银行、莫桑比克商业投资银行、埃及银行、中部非洲国家开发银行、埃塞俄比亚开发银行、泛非经济银行、肯尼亚公平银行、尼日利亚第一银行、刚果（金）罗基银行、毛里求斯国家银行、南非标准银行、东南非贸易与发展银行、乌干达开发银行、非洲联合银行、西部非洲开发银行等。

资源来源：根据现有文献资料整理。

二、不同区域合作进展

在双多边及区域次区域合作方面，"一带一路"沿线地区覆盖东南亚、南亚、中亚、蒙俄、西亚北非、中东欧等区域。结合"一带一路"倡议，中国积极推动与"一带一路"沿线国家的国家战略、发展愿景，总体规划包括哈萨克斯坦"光明之路"、沙特阿拉伯"西部规划"、蒙古国"草原之路"、欧盟"欧洲投资计划"、东盟互联互通总体规划2025、波兰"负责任的发展战略"、印度尼西亚"全球海洋支点"构想、土耳其"中间走廊"倡议、塞尔维亚"再工业化"战略、亚太经合组织互联互通蓝图、亚欧互联互通合作等有效对接。

在应对气候变化领域，"一带一路"沿线地区面临的气候问题相似，但在应对气候变化的国际合作进展方面有所差异。其中，中国与欧盟在应对气候变化和清洁能源等领域的合作较为紧密，并在中国—欧盟领导人会晤联合声明中提出，"将应对气候变化和清洁能源领域的合作打造成为包括经济关系在内的中欧双边伙伴关系的主要支柱之一"。在东南亚及南亚等国家，中国积极推进可再生能源项目及绿色金融服务体系建设，参与亚太气候变化适应论坛，并开展了中国—东盟清洁能源能力建设计划。以上海合作组织为依托，中国与俄罗斯、哈萨克斯坦、吉尔吉斯斯坦、塔吉克斯坦、乌兹别克斯坦等成员国在能源、水资源等方面开展了一系列合作以应对气候变化。通过推动"一带一路"倡议与沿线国家的国家战略、发展愿景、总体规划等有效对接，沿线国家有望进一步加强产业、贸易、资金、技术等应对气候变化领域的合作，形成多元的气候合作治理体系，进一步落实碳减排目标。

（一）东南亚地区

东南亚地区的主要气候类型为热带季风气候和热带海洋气候，面临的气候威胁包括洪涝、台风、极端降水等。面对极端气候的挑战,东南亚各国在不同程度上采取了适应和缓解气候变化影响的相应措施。随着中国可再生能源技术的发展,中国与东南亚地区在可再生能源领域的合作活跃度较高。2013年,中国与东盟成员国领导人共同发表的《纪念中国—东盟建立战略伙伴关系10周年联合声明》中明确提出,双方将加强在能源领域的合作。通过"一带一路"倡议,中国与老挝、缅甸等东盟国家通过了《中国—东盟环境合作战略(2016~2020)》《中国—东盟环境合作行动计划(2016~2020)》等区域合作规划。2016年首届中国—东盟气象合作论坛上,会议通过了《中国—东盟国家气象合作南宁倡议》,有助于加强中国和东盟各国的气象合作。合作基金方面,中国与东南亚地区的基金合作态势良好,中国东盟投资合作基金和海上合作基金的建立有力地推进了一批合作项目的运行。此外,中国在多次气候灾难中为东南亚国家提供了技术援助、经济支持和人员救助等,尤其在应对2015年"厄尔尼诺"气候影响时,中国实施了湄公河应急补水措施,帮助柬埔寨、老挝、缅甸、泰国、越南等国家应对干旱灾害。

从国际合作的角度看,"一带一路"倡议有助于进一步对接东盟,与东南亚国家开展技术培训、设备提供、基础设施建设、建立经济自贸区、旅游文化往来等交流合作。通过对接"一带一路"倡议与《东盟互联互通总体规划2025》,有助于进一步落实《中国—东盟战略伙伴关系2030年愿景》,提升中国与东盟的互联互通水平,拓展双方合作的领域和空间,推动绿色融投资及清洁能源项目建设。此外,依托中国在东盟国家的产业园区,可以进一步推动绿色环保投资项目的落地。东盟博览会同样成为中国和东盟各国共商合作的重要平台,有助于企业层面的深入合作,打开双方市场。

(二)南亚地区

南亚地区大部分为热带季风性气候,旱涝灾害严重、极端天气频发、淡水资源匮乏,在应对气候变化中面临资金、技术以及政治动荡等方面的问题。

具体来看，南亚地区与中国开展了一系列国际合作，但是与南亚内部各国之间的合作进展存在较大差异。作为"一带一路"的旗舰项目，中巴经济走廊进展迅速。在"一带一路"倡议的推动下，中国与巴基斯坦等南亚国家签署了一系列合作协议，投资了多个清洁能源与清洁交通项目。第二届"一带一路"国际合作高峰论坛期间，中巴两国签署了中巴自贸协定第二阶段协议、中巴海洋科学合作谅解备忘录等多项双边合作文件。在巴基斯坦地区，中巴经济走廊已经进入全面实施阶段，卡洛特等水电站和旁遮普省 400 兆瓦光伏地面站等项目的成功落实，意味着中巴合作不仅在经济上有了重大进展，在气候合作上也有着显著成果。

与此同时，中国和南亚国家共同推出了中国—南亚科技合作伙伴计划，并根据不同的项目，进行人力、资源和技术的整合。2015 年，中华人民共和国国家海洋局和印度共和国地球科学部签署了《关于加强海洋科学、海洋技术、气候变化、极地科学与冰冻圈领域合作的谅解备忘录》，就进一步加强海岸侵蚀与修复、共同应对气候变化等问题达成重要共识。在应对气候灾难方面，中国多次提供技术援助、经济支持和人员救助等。在合作基金方面，中国一方面为部分南亚国家（如阿富汗、尼泊尔等）提供无偿的资金援助，另一方面以直接投资、合资等方式开展项目合作。

从国际合作的角度看，"一带一路"倡议可以进一步对接南亚区域合作联盟，并与南亚国家开展技术培训、设备提供、基础设施建设、建立自贸区等双边合作。依托中巴经济走廊等旗舰项目，可以加强清洁能源领域合作，稳步推进可再生能源优先项目建设落地，开展中国—南亚区域合作的示范工程建设。在资金方面，通过亚投行及丝路基金可以积极引导南亚地区"一带一路"建设项目的绿色融投资，促进南盟经济体基础设施建设，提升中国与南亚国家的互联互通水平。

（三）中亚地区

中亚地区位于干旱沙漠地区，面临的主要气候威胁包括干旱热浪、粮食减产等。该地区主要面临以咸海危机为代表的环境问题及能源产业的可持续发展问题等。中亚地区加强与中国、欧洲等地区开展能源、低碳、水资源领域的合作是解决问题的关键。

中国已经与哈萨克斯坦、乌兹别克斯坦、吉尔吉斯斯坦、塔吉克斯坦等国家签署了"一带一路"合作备忘录。中国—中亚—西亚经济走廊的建设，使沿线国家在能源合作、设施互联互通、经贸与产能等领域合作不断加深（陈长和楚树龙，2018）。其中，中国与塔吉克斯坦、乌兹别克斯坦签署了环境保护合作协定，与哈萨克斯坦签署《中哈产能与投资合作规划》，与塔吉克斯坦、吉尔吉斯斯坦建立了能源合作伙伴关系。同时，中国与中亚各国在交换有关信息和资料、互派专家和学者、共同举办专家学者研讨会、开展联合研究等方面深入合作，为开展气候环境合作提供支持。在可再生能源合作领域，中国与中亚地区有着较大的合作空间：中亚地区沙漠广阔，光照资源较好，适合于建设大型太阳能电站；哈萨克斯坦的风电潜力丰富，技术可开发量约为1.80 万亿千瓦时，为风电开发提供了很大空间；塔吉克斯坦的水电潜在储量每年 5 270 亿千瓦时，具有很大开发价值。在基金与产业落地方面，中国国家发展改革委与哈萨克斯坦签署产能与投资合作项目，丝路基金与产业园区合作的具体项目也已开始落实。

从国际合作的角度看，中国—上海合作组织环境保护中心与吉尔吉斯斯坦、哈萨克斯坦签署多项联合声明，旨在加强并拓展环境领域合作，加强绿色技术领域互利合作。以中亚国家现有的环保战略为基础，结合新亚欧大陆桥等廊道建设，"一带一路"倡议可以进一步完善中哈合作等机制，与中亚国家开展产业园、技术转移、设施联通等方面的合作，推动太阳能发电、风力发电、秸秆发电等清洁能源发展。依托中国在中亚国家的中哈霍尔果斯国际边境合作中心、中塔工业园、中乌鹏盛工业园等产业园区，可以进一步推动绿色环保投资项目建设。在丝路基金等资金保障方面，中哈设立 20 亿美元产能合作基金，推动"一带一路"建设与哈萨克斯坦"光明之路"新经济政策有效对接，并投资了乌兹别克斯坦油气合作项目。

（四）蒙俄地区

蒙俄地区主要为寒冷干旱区。其中，俄罗斯大部分地区处于北温带，以温带大陆性气候为主，北极圈以北属于寒带气候，温差普遍较大。蒙古国大部分地区属大陆性温带草原气候，季节变化明显，是亚洲季风气候区冬季寒潮的主要发源地。对于该区域，气候变化对于农业生产、水资源、生态系统等方面的影响尤为显著。

2016 年 6 月，中蒙俄三国元首在塔什干签署的《建设中蒙俄经济走廊规划纲要》是"一带一路"建设的重要里程碑，标志着"一带一路"首个多边经济合作走廊建设正式实施。《建设中蒙俄经济走廊规划纲要》明确提出了促进三国在交通基础设施建设及互联互通等 7 个重点领域的交流合作，并强调推动三方在核能、水电、风电、光伏能源、生物质能源等方面的合作。在能源合作方面，中俄双方陆续签署了《中俄东线管道天然气合作项目备忘录》《金砖国家环境合作谅解备忘录》《中俄能源商务论坛章程》等，2019 年 12 月投产通气的中俄东线天然气管道标志着两国能源合作达到新的水平（迟亮，2019）。蒙古国是"一带一路"能源合作伙伴关系成员国，与中国共同对外发布《"一带一路"能源合作伙伴关系合作原则与务实行动》。在产业园区方面，二连浩特和满洲里国家重点开发开放实验区、满洲里综合保税区、呼伦贝尔中俄蒙合作先导区、二连浩特—扎门乌德跨境经济合作区等也是中蒙俄经济走廊建设中的重点合作平台。

在国际合作层面，"一带一路"倡议与俄罗斯的"欧亚经济联盟"建设计划、"欧亚大铁路"计划以及蒙古国的"草原之路"已经形成了良好的对接（于洪君，2016）。中俄两国能源合作机制也通过"中俄能源合作政府间委员会"等机制得到了稳定发展。围绕能源及其他副产品及相关产业的发展合作，中蒙俄三方可以进一步扩大能源及相关领域的经贸往来，以能源合作和共同开发为基础带动相关产业的发展。中国—蒙古国博览会暨中蒙俄合作高层论坛有助于稳步推进中蒙俄经济走廊建设，促进中蒙俄各领域合作取得积极进展。

（五）西亚北非地区

西亚北非地区多为热带沙漠气候，终年炎热干燥，降水稀少，气温日变化大，地貌多为高原和热带荒漠。近年来，全球的气候变化加剧了西亚北非地区的恶劣气候，使干旱、风暴、沙尘暴等自然灾害更为严重，淡水资源愈加匮乏。西亚北非地区面临的问题主要是石油、天然气等传统化石能源丰富且能源消耗导致的碳排放问题。与此同时，该地区地缘政治冲突频发，社会动荡不安影响能源合作及应对气候变化工作进程（孙俊成和江炫臻，2018）。

近年来，中国和阿拉伯国家积极推进"一带一路"倡议的沟通合作，努力寻求缓解西亚北非地区由气候变化带来的严峻问题。面对日益加深的气候变化带来的挑战，中国可以借助"一带一路"倡议向西亚北非地区相关国家提供技术与资金支持，以应对极端气候造成的灾害和损失。2015 年，中国国家发展改革委与埃及签署了《产能合作框架协议》，商定了优先合作领域和重点项目，双方以促进产能合作、共同发展为目标，为中非双方建设绿色"一带一路"创造新机遇。2018 年 11 月，第 6 届中国—阿拉伯国家能源合作大会举行，大会宣布将以加强双方在清洁能源领域的合作为目标，成立清洁能源培训中心并组织光伏、光热、风电、智能电网等方面的能力建设活动，同时探讨了电力互联互通、可再生能源合作、和平利用核能等相关话题。

在国际合作层面，中国在"一带一路"倡议下与阿拉伯国家的合作形成了中阿"1+2+3"合作格局。2017 年，亚投行向埃及太阳能项目提供 2.10 亿美元债务融资，旨在利用埃及的可再生能源潜力，增加埃及的发电能力，帮助埃及履行《巴黎协定》的承诺。2018年，丝路基金联合沙特公司共同投资迪拜光热电站项目，该光热电站合计发电容量700兆瓦，是目前全球规模最大的光热电站项目，也是迪拜"清洁能源战略"的重要组成部分，深化了"一带一路"建设与阿联酋能源发展战略的有效对接。

（六）中东欧地区

中东欧地区北部为温带大陆性气候，南部为地中海气候。当前，中东欧地区正积极谋划应对气候变化，相当一部分国家已采取相应的有效措施应对气候变化可能带来的风险。在"一带一路"的互联互通倡议下，中国积极向保加利亚、希腊、土耳其等中东欧国家和地区提供先进农业技术，出口农业机械设备，与中东欧地区国家共同应对气候变化给农业带来的损失。

2012年，"中国—中东欧国家合作（16+1合作）"机制成立后，中国与中东欧地区的高新科技产品进出口贸易总额呈现波动上升。2015年11月，中国广核集团有限公司与罗马尼亚国家核电公司在罗马尼亚签署了《切尔纳沃德核电3、4号机组项目开发、建设、运营及退役谅解备忘录》，单台机组预计建设工期88个月，项目总投资约72亿欧元。2018年9月，中国—中东欧国家环保合作部长级会议在黑山首都波德戈里察举行，会议通过了《关于中国—中东欧国家环境保护合作的框架文件》，并启动了"16+1"环保合作机制，共同推进绿色"一带一路"建设。2018年12月，中国企业投资的克罗地亚塞尼风力发电项目正式开工，该项目总装机156兆瓦，极大程度缓解了克罗地亚对进口电力的依赖，促进了克罗地亚绿色能源的发展。2019年4月，在克罗地亚杜布罗夫尼克举行的第八次中国—中东欧国家领导人会晤中，与会各方制定和发表《中国—中东欧国家合作杜布罗夫尼克纲要》，表示坚决落实《巴黎协定》，肯定了设在布加勒斯特的中国—中东欧国家能源项目对话与合作中心开展的包括探讨绿色能源、生态能源等领域合作的技术交流和能源合作规划研究等工作。2019 年 4 月，中国企业承建的乌克兰 200 兆瓦太阳能光伏电站正式并网发电，每年发电量预计可满足 14 万个家庭的用电需求，并减少约 30 万吨二氧化碳排放。

从国际合作角度看，在"一带一路"倡议下，中国与中东欧双方就气候变化、可再生资源利用、产能利用、绿色"一带一路"建设等问题进行了商讨，达成低碳、绿色发展共识，双方积极引入和输出高新、先进科研产品，淘汰低效率、高排放的生产设备。随着"一带一路"倡议的实施，中国加强了与包括中东欧国家在内的沿线国家的互动交流，搭建了"16+1 合作"等多个合作平台，出台了诸多优惠政策措施，形成了机制化交流平台。与此同时，通过丝路基金等推进中东欧地区绿色、低碳生产项目建设，深化中方与中东欧在可再生资源利用项目上的合作，有助于从源头上应对气候变化和其带来的影响与挑战。

三、双多边合作成效

借助已有的国际合作机制，中国逐步为其他发展中国家在应对气候变化方面提供可行的技术、资金等方面的支持，开展针对性的政策、管理、技术、意识提升等能力建设的合作。同时，中国在清洁能源合作、绿色资金保障、产业技术转移、气候变化培训、防灾减灾合作等方面与"一带一路"沿线国家开展了广泛的合作。研究表明，尽管短期内中国投资可能导致东南亚及周边地区、印度和中东欧的碳排放量小幅增加，但从长期结果上看，将对各区域特别是东南亚及周边地区和中东—中亚地区的碳排放量下降有促进作用（李侠祥等，2020）。通过"一带一路"建设与南南合作的融合，"一带一路"沿线国家的应对气候变化合作有助于为全球气候变化治理提供更为广阔的平台。具体来看，中国与"一带一路"沿线国家应对气候变化相关合作成效主要包括如下方面：

（一）双多边能源合作

"一带一路"倡议提出以来，中国与沿线国家的能源合作领域不断拓展、规模不断扩大、质量不断提升。截至 2018 年 8 月，中国与有关国家新建双边能源合作机制 24 项，占到现有双边合作机制总数的近一半；签署能源领域合作文件 100 余份，合作步伐显著加快；中国新建和新加入多边合作机制 10 项；与俄罗斯、巴基斯坦、蒙古国等开展能源领域联合规划研究，对接彼此发展需求，挖掘合作潜力。2018 年 10 月，中国出口信用保险公司和国家能源局签署了《关于协同推进"一带一路"能源合作的框架协议》。2019 年 4 月，中国与 30 余个成员国建立了"一带一路"能源合作伙伴关系，发布了《"一带一路"能源合作伙伴关系合作原则与务实行动》，并于每两年举办一次"一带一路"能源部长会议，成为"一带一路"能源合作的重要组成部分。结合能源领域的双多边合作机制，中国与"一带一路"沿线地区的能源合作取得了一系列成效。具体包括：

中国清洁能源投资规模不断扩大。"一带一路"国家具有较高的水电、风电及太阳能资源禀赋水平，大幅领先于其他国家（Chen *et al.*，2019；Schwerhoff and Sy，2016）。中国在沿线国家清洁能源项目的投资建设与当地的资源禀赋和发展需求有较高的契合度。基于国际能源署（International Energy Agency，IEA）数据[①]，中国在可再生能源和新能源方面，投资占全世界的 1/3 以上，技术处于世界领先水平。《"一带一路"后中国企业风电、光伏海外股权投资趋势分析》提出，"一带一路"倡议提出以来，中国企业在沿线国家的可再生能源投资达到近 12.60 吉瓦。以中巴经济走廊为例，中国参与建设的代表性可再生能源电站包括卡洛特水电项目、中兴能源太阳能项目、三峡风电项目等，总装机量近 4 268 兆瓦，占比达到 34.18%，对于绿色

---

① 数据来源：https://www.iea.org/

丝绸之路建设具有重要示范作用（韩梦瑶等，2020）。

　　沿线地区的清洁能源项目逐渐落地并网。作为"一带一路"建设的旗舰项目之一，巴基斯坦旁遮普省光伏电站是中巴经济走廊第一个顺利实现融资关闭、第一个实现并网发电、第一个获取巴方支付电费的清洁能源项目。在风电领域，位于巴基斯坦信德省地区的萨察尔风电项目是中巴能源合作的十四个优先实施的项目之一，也是"一带一路"第一个完成贷款签约的新能源项目。在传统能源出口国阿联酋，晶科能源建立了总规模 1 177 兆瓦的光伏项目，是全球装机容量最大的太阳能独立发电地面电站。在肯尼亚，国机集团与通用电气公司签署战略合作备忘录，将凯佩托 102 兆瓦风电项目作为长期合作的试点工程，用于缓解肯尼亚的能源短缺问题。中国企业在沿线国家的清洁能源合作，为缓解当地电力缺口、推动当地经济低碳转型、控制温室气体排放做出了重要贡献。

　　沿线地区清洁煤电技术不断完善。自 2016 年以来，包括美国有线电视新闻网（Cable News Network，CNN）等在内的多家西方媒体以及绿色和平等国际组织多次质疑甚至抹黑中国煤电建设以及跨境投资，使得"一带一路"沿线地区的煤电项目面临较高的气候政治风险。事实上，中国超超临界机组投运十多年以来，容量、参数、效率、煤耗和超低排放改造均达到世界领先和先进水平，成为世界上蒸汽参数最高和供电煤耗最低的国家。与此同时，新建燃煤火电机组通过与生物质混烧、二氧化碳捕集等技术的结合，有助于替代现有的一批小型、低效、排污严重的小火电项目，具有显著的环境效益。由中国神华与印尼国家电力公司下属子公司合资建设的 2 300 兆瓦爪哇 7 号超超临界燃煤发电机组项目，等效可用系数始终保持在 95% 以上低成本燃煤发电，实现了连续 4 年无非停，工程投产后氮氧化物排放浓度控制在每立方米 30 毫克以下，烟气除尘效率达 99.50%，二氧化硫排放浓度小于每平方米

423 毫克，远低于平均排放标准①。

沿线地区可再生能源合作水平不断提升。随着中国可再生能源发电技术日益成熟，装备制造成本不断降低，目前多个可再生能源企业在海外开展了可再生能源投资并购、基地建设等工作，合作水平不断升级。2018 年 1 月，由中老两国科技部支持的中国—老挝可再生能源开发与利用联合实验室在老挝首都万象落成，旨在落实"中国—东盟科技伙伴计划"，向老方提供可再生能源实验示范设备并培养专业化人才。东北亚联网计划力求将蒙古国、中国东北和华北以及俄罗斯远东地区的可再生能源基地与中国华北、日韩等负荷中心连接起来，以实现地区可再生能源的大规模开发利用。随着可再生能源技术的发展和发电成本的降低，中国与沿线国家和地区在可再生能源开发利用、能效提升以及可持续发展等领域的合作仍有巨大潜力。

（二）绿色资金融通

资金融通是"一带一路"建设的重要支撑。沿线国家多为发展中国家，基础设施等重大项目面临着资金短缺等问题，迫切需要国际社会支持来促进低碳建设和经济发展（Liu *et al.*，2020）。自"一带一路"倡议提出以来，中国同"一带一路"沿线国家和组织开展了多种形式的金融合作，并成立了以亚洲基础设施投资银行（又称亚投行）为代表的多边开发性金融机构（刘卫东等，2018）。与此同时，中国国家开发银行、中国进出口银行等政策性银行和多家国有商业银行也逐渐成为"一带一路"绿色投融资的主体。

多边开发性金融机构、政策性银行及国有商业银行提供绿色资金支持。以亚投行和丝路基金为代表的新兴多边金融机构为"一带一路"提供信贷、债券、股权投资、保险等多元化、创新性融资模式。通过商业贷款（单个银行授信/银团贷款）、优惠买方信贷、援外贷款、出口信用保险、设立国别/产

---

① 资料来源：http://news.bjx.com.cn/html/20191213/1028440.shtml

业基金等，政策性银行可以为境内外企业、大型项目等提供低成本融资支持。国内商业银行海外分支机构众多，融资模式主要为银行授信（表内授信和表外授信）、银团贷款、发行境内外债券、跨境金融综合服务等。此外，中国信保等融资辅助机构为海外项目提供海外投资担保和出口信用保险等服务。"一带一路"国际合作高峰论坛期间，中国国家开发银行、中国进出口银行提出提供合计 3 800 亿元等值人民币专项贷款，用于支持"一带一路"建设。中国国内金融机构尤其是商业银行绿色金融发展迅速，通过绿色信贷、绿色债券等多种手段和工具来推动"一带一路"绿色投资。具体来看，主要包括：

亚洲基础设施投资银行。亚投行是首个由中国倡议设立的多边金融机构，获批项目大多涉及可再生能源、绿色交通、城市废弃物处理、污水处理等领域。截至 2018 年 12 月，亚投行官网[①]列出的与气候相关的投资项目有 19 个，融资金额 44.11 亿美元，项目个数占其总投资项目的 60%以上，融资金额占其总融资金额的 70%以上。

金砖国家新开发银行。于 2015 年 7 月设立，主要用于支持金砖国家及其他新兴经济体和发展中国家的基础设施建设和可持续发展项目。截至 2018 年底批准的金砖五国项目 80 亿美元，主要涉及清洁和可再生能源领域。

上海合作组织银联体。成立于 2018 年 6 月，由上海合作组织成员国的多家银行共同组成。上合组织成员国既有能源资源国，又有能源消费国和过境运输国，能源领域合作是上海合作组织成员国加强经济合作的优先方向，为区域经济合作提供全方面的金融服务。

国家开发银行。于 2017 年成功发行首笔 5 亿美元和 10 亿欧元中国准主权国际绿色债券，债券募集资金用于支持"一带一路"建设相关清洁交通、可再生能源和水资源保护等绿色产业项目，改善沿线国家生态环境，增强沿线国家应对气候变化能力。

---

① 资料来源：https://www.aiib.org/en/index.html

中国进出口银行。其第一期"债券通"绿色金融债券于 2017 年 12 月在上海发行，期限 3 年，金额 20 亿元人民币，发行利率 4.68%。多家银行包括中国银行新加坡分行及中国香港、欧洲等多家投资机构积极参与发行认购，参与认购金额 5.20 亿元人民币，最终配售金额 2.60 亿元人民币。该绿色债券募集资金将投向"一带一路"沿线国家清洁能源和环境改善项目[①]。

中国国有商业银行。中国工商银行发行"一带一路"银行间常态化合作机制（Belt and Road Bankers Roundtable，BRBR）绿色债券，并与欧洲复兴开发银行、法国东方汇理银行、日本瑞穗银行等 BRBR 机制相关成员共同发布"一带一路"绿色金融指数，深入推动"一带一路"绿色金融合作[②]；中国农业银行于 2015 年 10 月在伦敦证券交易所成功发行上市首单 10 亿美元等值的绿色债券，募集资金投放于按国际通行的绿色债券原则（Green Bond Principle，GBP）并经有资质的第三方认证机构审定的绿色项目，覆盖清洁能源、生物发电、城镇垃圾及污水处理等多个领域。

应对气候变化领域的绿色基金体系逐渐健全。在"一带一路"资金支持方面，结合现有的政府间合作平台以及各类基金，"一带一路"沿线地区设立了丝路基金、中国—东盟投资合作资金、"21 世纪海上丝路"产业基金、"澜湄合作"专项基金等一系列专项投资基金（曹明弟和董希淼，2019；洪睿晨和崔莹，2019；张伟伟等，2019）。"一带一路"沿线绿色金融应对气候变化的主要基金见表 4–6。

丝路基金。2014 年 11 月，习近平主席宣布中国将出资 400 亿美元成立丝路基金，丝路基金于 2014 年 12 月 29 日在北京正式成立，重点围绕"一带一路"建设推进与相关国家和地区的基础设施、资源开发、产能和金融等合作项目。2017 年中国向丝路基金新增资金 1 000 亿元人民币。从丝路基金的

---

① 资料来源："'一带一路'国际合作不可或缺的气候投融资议题"
② 资料来源："第二届'一带一路'国际合作高峰论坛成果清单"

投资项目看，气候投资覆盖清洁能源类项目，包括水电、风电、光伏发电、清洁燃煤电厂等。丝路基金的第一笔资金用于投资中巴经济走廊优先实施项目之一的卡洛特水电站，是"一带一路"首个大型水电投资建设项目以及"中巴经济走廊"首个水电投资项目。

表4-6 "一带一路"应对气候变化的主要基金保障

名称	提出时间	与气候变化相关措施及进展
丝路基金	2014年12月	通过多元化投融资方式，重点支持"一带一路"框架下的基础设施、资源开发、产业合作和金融合作等领域项目，目前累计签约项目20余个，承诺投资金额超过80亿美元，投资地域覆盖俄、蒙、中亚、南亚、东南亚、西亚北非及欧洲等国家和地区。
气候变化南南合作基金	2015年9月	出资200亿元人民币，在发展中国家建设10个低碳示范区、组织实施100个左右减缓和适应气候变化的项目、为发展中国家提供1000个培训名额等。
"一带一路"绿色投资基金	2020年4月	由光大集团牵头，以股权投资为主，重点投向环境治理、可再生能源、可持续交通、先进制造等领域，解决"一带一路"沿线国绿色股权投资不足、合作机制缺失等问题。
绿丝路基金	2015年3月8日	由亿利资源集团、泛海集团、正泰集团、汇源集团、中国平安银行、均瑶集团、中（国）新（加坡）天津生态城管委会联合发起，首期募资300亿元，致力于丝绸之路经济带生态改善和光伏能源发展。
亚洲区域合作专项资金	—	主要用于基础设施项目的前期研究、技术交流，旨在推动与加强中国政府与亚洲国家及机构之间的交流与合作，落实上海合作组织峰会和总理会议、博鳌亚洲论坛年会等亚洲区域合作会议提出的倡议与合作举措。
中国—东盟投资合作基金	2010年4月	通过投资东盟地区的基础设施、能源和自然资源领域，促进中国与东盟国家企业间的经济合作。
中国—东盟海上合作基金	2011年11月	设立30亿元人民币中国—东盟海上合作基金，推动双方在海洋科研与环保、互联互通、航行安全与搜救以及打击海上跨国犯罪等领域的合作
澜沧江—湄公河合作专项基金	2016年3月	共同推进澜湄合作，重点在水资源、产能、农业、人力资源、卫生医疗等领域开展合作，为推进南南合作和落实联合国2030年可持续发展议程做出贡献。

续表

名称	提出时间	与气候变化相关措施及进展
中俄战略投资基金	2012 年 6 月	中俄投资基金由中投公司和俄罗斯直接投资基金于 2012 年设立，双方各出资 10 亿美元，并计划向中国和其他国际投资者募集 10 亿至 20 亿美元资金，主要投资俄罗斯和独联体国家的商业项目以及与俄有关的中国项目。
中哈产能合作基金	2015 年 12 月	丝路基金成立以来设立的首个专项基金，以股权、债权等多种方式支持中哈产能合作及相关领域的项目投资。
中国—阿联酋共同投资基金	2015 年 12 月	中阿基金总规模 100 亿美元，一期规模 40 亿美元，双方各出资 50%，投资方向为传统能源、基础设施建设和高端制造业、清洁能源及其他高增长行业。
中国—欧亚经济合作基金	2014 年 9 月	中国—欧亚经济合作基金首期规模为 10 亿美元，总规模为 50 亿美元，主要投资行业包括能源资源及其加工、农业开发、物流、基础设施建设、信息技术、制造业等欧亚地区优先发展产业。
中国—中东欧投资合作基金	2012 年 4 月	支持中东欧 16 个国家基础设施、电信、能源、制造、教育及医疗等领域的发展，在绿色金融、促进经济文化交流、支持中国和中东欧企业的进出口贸易、创新金融合作模式。
中非产能合作基金	2015 年 12 月	截至 2017 年 4 月底，基金共备案项目近 60 个，立项项目 11 个，在产能合作、资源能源、基础设施、通信等领域储备了一批预期经济效益良好、示范作用显著的投资项目。
非洲共同增长基金	2014 年 5 月	基金将在未来 10 年向非洲的主权担保和非主权担保项目提供联合融资，以支持非洲基础设施及工业化建设。
中拉产能合作投资基金	2015 年 6 月	中拉产能合作投资基金于 2015 年 12 月完成了首单投放，为中国三峡集团巴西伊利亚和朱比亚两电站 30 年特许运营权项目提供了 6 亿美元的项目出资，占股 33%。

资料来源：基于已有文献资料整合。

气候变化南南合作基金。中国政府于 2015 年 9 月宣布设立 200 亿元的中国气候变化南南合作基金，在发展中国家开展 10 个低碳示范区、100 个减缓和适应气候变化项目及 1 000 个应对气候变化培训名额的合作项目。在第二届"一带一路"国际合作高峰论坛中，中国进一步提出将与有关国家共同实施"一带一路"应对气候变化南南合作计划，为发展中国家提供资金，通过低碳项目和培训，减缓并适应气候变化的影响。

区域性及双多边专项基金。目前，中国与现有多边开发机构合作，并设立了中国—东盟合作基金、中国—中东欧投资合作基金、亚洲区域合作专项资金、中哈产能合作基金、澜沧江—湄公河合作专项基金、中非产能合作基金等一系列区域性及双多边专项基金。上述区域性及双多边专项基金在应对气候变化领域积极开展项目合作、提出应对措施并取得了巨大进展。此外，作为第二届"一带一路"国际合作高峰论坛成果，中国光大集团与有关国家金融机构联合发起成立"一带一路"绿色投资基金，旨在解决沿线国家绿色股权投资不足、合作机制缺失等问题，促进沿线国家绿色金融多边合作。

（三）绿色产业合作平台

绿色产业技术转移转化逐渐推进。2013年成立的中科院绿色技术卓越中心主要围绕矿产、煤炭、油气、生物质等战略领域，开展与发展中国家特别是"一带一路"沿线国家在绿色技术方面的科技、人才及平台合作。自中心成立以来，在缅甸建成了亚洲最大的湿法炼铜工业化装置（5万吨/年）并实现稳定运行，与蒙古国合作的大型铜冶炼尾气资源化利用技术解决了铜、铝等战略金属冶炼过程中尾气处理难题。同时，中科院绿色技术卓越中心开展广泛的科研领域国际合作，推进中—缅—蒙绿色矿产国际联合实验室、中—泰—马—柬可再生能源国际联合实验室等建设，并获得了泰国石油化学公司、万宝矿产（缅甸）公司、马来西亚创新中心、沙特阿美石油公司、中石化沙特公司等相关国家企业的大力支持。

多边技术转移及创新合作中心陆续投入运行。中国—东盟创新中心于2013年10月在昆明成立，致力于促进中国与东盟各国企业的孵化、创新与发展，推动区域科技创新与交流合作。中国—南亚技术转移中心成立于2014年6月，旨在挖掘中国及南亚各国企业的合作需求，组织企业开展交流对接、适用技术培训、先进技术示范，与阿富汗信息与通信技术研究院、斯里兰卡国家工业技术研究院签署关于开展技术转移合作的协议。中国—阿拉伯国家技术转移中心于 2015 年在宁夏成立，是推动中国与阿拉伯国家及"一带一路"沿线国家深入开展科技交流合作的重要平台，开展北斗卫星、旱作节水、防沙治沙等专项技术转化应用和技术转移专业经理人培育工作。中国—中亚科技合作中心为国家国际科技合作基地（国际创新园类），由新疆维吾尔自治区科技厅牵头成立，致力于推进双边和多边的国际交流与科技合作。2019 年 11 月 7 日，中国—老挝太阳能科技创新与合作中心在老挝揭牌，中国—老挝太阳能科技创新与合作中心太阳能发电示范项目向老挝科技部新能源与材料研究所正式移交，标志着中国—老挝太阳能科技创新与合作中心建设（一期）项目顺利实施完成。

（四）南南合作援助及气候变化培训

多次提供应对气候变化的南南合作援助物资。截至 2017 年，中国政府和巴基斯坦、缅甸、蒙古国、埃及、尼泊尔、孟加拉国等 28 个国家签订了 32 份物资赠送谅解备忘录，提供 LED 路灯 1.38 万套、节能空调 2 万余套、太阳能光伏发电系统 1 万余套、清洁炉灶 1 万台和气象卫星收集处理系统 1 套。截至 2018 年底，中国为阿尔及利亚、印度尼西亚、巴基斯坦、老挝、缅甸和萨摩亚 6 国援建了 40 个地震台站、7 个数据中心和 17 套流动地震观测设备，培训技术人员上百人。

多次举办减缓及适应气候变化研修班。在应对气候变化方面，中国国家发展改革委、中国气象局、中国环境科学研究院等机构组织了一系列应对气候变化培训班。其中，2017 年 4 月，中国国家发展改革委应对气候变化司主办、国际合作中心承办"一带一路"国家应对气候变化培训班，这是国家发改委首次组织针对"一带一路"国家的应对气候变化培训班，来自阿联酋、埃塞俄比亚、巴基斯坦、菲律宾、格鲁吉亚、斯里兰卡、柬埔寨、老挝、缅甸、塔吉克斯坦、泰国、哈萨克斯坦、马来西亚等 18 个国家的 30 位气候变化领域的官员、专家参加培训。2017 年 8 月，中国气象局气象干部培训学院承办的国家发展改革委 2017 年应对气候变化南南合作培训班，由中国气候变化南南合作基金支持，是落实中国应对气候变化南南合作"十百千"项目的具体行动，共有蒙古国、乌兹别克斯坦、巴基斯坦、斯里兰卡、马尔代夫和亚美尼亚等国家 29 名国际学员参加培训。2018 年 5 月，中国科学院主办"一带一路"气候环境变化培训班，吸引了来自塔吉克斯坦、巴基斯坦、乌兹别克斯坦、泰国、印度等沿线国家的 19 名青年科研人员、博士生和硕士生参加。2019 年 9 月，由生态环境部应对气候变化司主办、对外合作与交流中心承办的"一带一路"应对气候变化与绿色低碳发展政策与行动培训班在京成功举办，来自马达加斯加、津巴布韦、肯尼亚、哈萨克斯坦等 11 个发展中国家的 21 名国际学员参加培训。

（五）防灾减灾国际合作

逐渐形成应对气候变化的灾害预警及科技联盟。中国气象局与国家航天局、亚太空间合作组织签署风云气象卫星应用合作意向书和协定，建立风云卫星国际用户防灾减灾应急保障机制，与"一带一路"沿线对接风云二号卫星服务需求，力求提供精准的气候灾害预警服务，促进"一带一路"沿线地区的应急防灾减灾救灾能力的提高。2018 年 12 月，由自然资源部国家海洋环境预报中心研发的"海上丝绸之路"海洋环境预报保障系统投入业务化试运行，通过中国海洋预报网"海上丝路"专题频道，中英文发布"海上丝路"沿线海洋环境预报产品。2019 年 5 月，"一带一路"防灾减灾与可持续发展国际学术大会在北京举办，成立以"一带一路"自然灾害风险防范与综合减灾为核心的国际减灾科学联盟，旨在科学应对"一带一路"沿线国家共同面对的减灾需求。为推进海洋预报减灾领域的国际合作，中国承建了南中国海区域海啸预警中心，于 2019 年 11 月正式运行，为中国、文莱、柬埔寨、印尼、马来西亚、菲律宾、新加坡、泰国、越南等国提供全天候地震海啸监测预警服务。

多次向沿线国家提供防灾减灾技术及物资援助。中国多次参与联合国、世界卫生组织等国际机构发起的人道主义行动，派遣援外医疗队及国家救援队赴尼泊尔、马尔代夫、密克罗尼西亚联邦、瓦努阿图、斐济、泰国、缅甸等国家开展救援，主要包括：2014年，马尔代夫水荒，中国援潜救生船赴马累市提供供水援助；2014年年底，马来西亚遭遇严重水灾，中国红十字会向马来西亚红新月会移交了10万美元紧急赈灾援助款，以支援马方抗击水灾；2015年，东南亚遭受严重的洪水灾害，包括长江委专家等在内的中国水利专家组向泰国、缅甸等国提供防洪技术援助；2015年以来，受强厄尔尼诺现象影响，澜沧江—湄公河流域各国遭受不同程度旱灾，中国实施湄公河应急补水，帮助柬埔寨、老挝、缅甸、泰国、越南等国家应对干旱灾害；2016年，斐济遭受"温斯顿"台风袭击，中国红十字会向斐济红十字会提供10万美元紧急人道主义援助；2016年受"厄尔尼诺"影响非洲遭受严重旱灾，习近平主席在中非合作论坛约翰内斯堡峰会上宣布向受灾国家提供紧急粮食援助；2017年9月，飓风"厄玛"袭击安提瓜和巴布达，中国政府帮助安提瓜和巴布达重建250栋建筑；2018年7月，老挝南部阿速坡省水坝溃堤，中国人民解放军医疗队派出医疗防疫分队32人紧急奔赴灾区救援；2018年，阿富汗遭受严重旱灾，中国政府向阿富汗政府提供紧急粮食援助；2019年3月，强热带气旋"伊代"在非洲东南部地区肆虐，中国政府派遣中国救援队赴莫桑比克实施国际救援，为灾区人民提供人员搜救和医疗、防疫、物资等支持帮助。

第三节　国际合作方案

"一带一路"沿线国家大多数是发展中国家，该区域的绿色可持续发展关乎全球应对气候变化成效。在绿色"一带一路"建设中，需要多方面协调处理好沿线国家多元的双边、多边环保合作机制。建设绿色丝绸之路已成为落实联合国 2030 年可持续发展议程的重要路径，发展绿色经济、实现绿色可持续发展已成为沿线各国共识（陈孜，2019；朱磊和陈迎，2019）。通过"一带一路"现有的政府间合作平台及亚洲基础设施投资银行、丝路基金、中国气候变化南南合作基金等渠道，有效结合政府援助、国际贸易和投融资等手段，广泛动员政府、企业、社会组织和国际机构等各利益相关方共同参与绿色"一带一路"建设，有助于推动沿线各国人民共享"一带一路"低碳共同体的共建成果，分享经济社会低碳转型的绿色效益。中国致力于通过国际合作推动绿色"一带一路"建设及全球气候治理体系建设，构建"一带一路"气候治理体系，以促进全球低碳、可持续发展目标的达成（陈昭彦，2019；祁悦等，2017；人民网，2017）。

一、绿色金融机制

在"一带一路"倡议顶层框架的战略方向下，构建全面系统的绿色投融资体系是建设绿色丝绸之路的重要保障。在"一带一路"倡议下，沿线国家的绿色金融机制建设已经初见成效。其中，《"一带一路"绿色投资原则》为沿线地区的投融资主体提供政策指引，以沿线国家为主的多边开发性金融机构、政策性银行及中国多家国有商业银行为沿线国家的绿色项目提供了一系列的融投资保障。目前，"一带一路"沿线各国巨大的基础设施建设需求为清洁能源和绿色产业发展提供了广阔市场（王小艳，2020）。结合多种绿色金融工具，引导资金向绿色产业配置，绿色金融机制及绿色产业发展有助于推动"一带一路"沿线国家绿色转型，对于《巴黎协定》2 摄氏度以及 1.5 摄氏度温升目标的达成具有重要意义。在绿色金融机制建设方面，应对气候变化国际合作方案主要包括：

落实绿色投资原则，以绿色金融引导绿色发展。《"一带一路"绿色投资原则》签署仪式于 2019 年 4 月在北京举行，力求将低碳和可持续发展议题融入"一带一路"建设，推动"一带一路"投资的绿色化。截至 2019 年 4 月，包括中国农业银行、中国农业发展银行、Al Hilal 银行、阿斯塔纳国际交易所在内的 27 家机构已经签署了该原则。签署机构包括参与"一带一路"投资的主要中资金融机构，以及来自法、德、日、哈萨克斯坦、卢森堡、蒙古国、巴基斯坦、新加坡、瑞士、阿联酋和英国的主要金融机构。通过落实《"一带一路"绿色投资原则》，可以推动企业实践绿色投资理念，确保"一带一路"投资项目充分考虑到环境、气候和社会等可持续要素，以绿色金融引导绿色发展。

统筹绿色投融资合作机制，完善绿色金融支持体系建设。通过统筹绿色投融资合作机制，引导资本向绿色环保产业配置，可以有效地支持和引领"一带一路"绿色、协调、可持续发展。目前，亚投行的"绿色化"承诺，亚洲开发银行的水资源合作基金以及中国提出的绿丝路基金等，均是绿色金融体系建设的集中体现。在构建绿色"一带一路"的金融支持体系过程中，同样可以充分发挥国家开发银行、进出口银行等金融机构的引导作用，鼓励丝路基金、南南合作援助基金、中国—东盟合作基金、中国—中东欧投资合作基金、中国—东盟海上合作基金、亚洲区域合作专项资金、澜沧江—湄公河合作专项基金等对"一带一路"绿色项目的重点支持，优化对绿色产业的资产配置；充分利用绿色信贷、绿色债券、绿色保险、绿色基金、绿色指数产品、绿色资产抵押支持证券等绿色金融工具，推动建立多元化、一站式海外绿色投融资综合服务体系。

二、绿色产业合作

结合"一带一路"沿线国家的双多边及区域性国际合作机制，中国在"一带一路"沿线地区的清洁能源投资规模不断扩大，沿线地区的清洁能源项目逐渐落地并网，清洁能源合作水平不断提升。在绿色"一带一路"建设过程中，中国与周边国家建立了中国—东盟技术转移中心、中国—南亚技术转移中心、中国—阿拉伯国家技术转移中心、中国—中亚科技合作中心等机构，依托中科院绿色技术卓越中心推进中—缅—蒙绿色矿产国际联合实验室、中—泰—马—柬可再生能源国际联合实验室等建设。依托"一带一路"绿色发展国际联盟、双多边及区域性合作机制及绿色技术转移中心，中国与沿线国家可以在低碳环保标准及产业技术转移方面展开双边或多边的磋商及合作，有助于进一步提升沿线国家低碳技术水平、拓展低碳发展空间（赵俊杰，2018）。为推动沿线国家绿色产业合作，应对气候变化国际合作方案主要包括：

推动绿色产业经贸合作，加强清洁能源等领域投资建设。"一带一路"沿线国家清洁能源等绿色产业发展潜力巨大，积极开展清洁能源等领域的绿色经济合作有助于为沿线国家创造巨大的产业发展空间。据估算，"一带一路"国家水电技术可开发潜力约 7.93 万亿千瓦时，占全球水电技术开发潜力的 50%；太阳能技术可开发潜力达 103.4 万亿千瓦时，占全球太阳能技术可开发潜力的 37.5%；风能技术可开发潜力为 11.3 万亿千瓦时，占全球风能技术可开发潜力的 32.2%。沿线国家通过开展绿色产业经贸合作，加强清洁能源等领域投资建设，稳步推进可再生能源示范项目建设落地，共同建立代表性的绿色项目库，不仅契合当地的资源禀赋和发展需求，同时有助于推进"一带一路"沿线国家绿色转型。

建立共通低碳环保标准，推动绿色产业及技术转移转化。推动中国能源、技术、标准对外输出，在人才、资本、技术、经验方面的全方位合作是建设绿色"一带一路"的主要机制。从各国实际出发，"一带一路"建设亟需与沿线各个发展中国家合作，形成共通的绿色发展与技术标准。通过在东盟、中亚、南亚、中东欧、阿拉伯、非洲等国家建立环保技术和产业合作示范基地，推动和支持环保工业园区、循环经济工业园区、主要工业行业、环保企业，有助于推动双多边绿色技术合作。通过发挥环保科技产业园区先行先试的示范作用，可以推行中国绿色产业园区模式，加强绿色、先进、适用技术在"一带一路"沿线发展中国家转移转化，将绿色合作模式推广到"一带一路"沿线国家，促进低碳发展。

三、气候变化南南合作

中国作为最大的发展中国家，一直是气候变化国际合作的积极倡导者和实践者，尤其在绿色"一带一路"建设方面，通过借助已有的国际合作机制，中国逐步为其他发展中国家在应对气候变化方面提供可行的技术、资金等的支持。气候变化南南合作是当前落实《巴黎协定》、推进全球应对气候变化合作进程的重要合作机制。当前发展中国家除了要应对气候变化对地球生态和人类生存发展的挑战之外，仍然面临发展经济、消除贫困、实现社会公平公正等多方面可持续发展目标的重大挑战。借助"一带一路"倡议，加强发展中国家南南合作，有助于推进共同应对气候变化的进程。结合气候变化南南合作，应对气候变化国际合作方案主要包括：

切实推动应对气候变化南南合作，与沿线国家携手应对气候变化。"一带一路"沿线大多数国家为发展中国家，自主减排压力大，推进"一带一路"沿线国家在应对气候变化领域的合作对于绿色丝绸之路建设具有重要意义。截至 2019 年 12 月，中国已与其他发展中国家签署 30 多份气候变化南南合作谅解备忘录。继续推进应对气候变化南南合作计划，加强气候变化人员培训，通过低碳节能环保物资赠送、低碳示范区建设和能力建设活动等途径，有助于提升沿线国家减缓和适应气候变化水平。在气候变化南南合作和"一带一路"倡议框架下，广大发展中国家可以进一步加强能源技术和能源设施的合作，推广绿色交通、绿色建筑、绿色能源等领域合作，推动沿线国家自主贡献的落实、整体气候环境的改善和竞争力提升，与沿线国家共享低碳转型的绿色效益。

　　发挥气候变化南南合作基金作用，推进应对气候变化援助及培训。气候变化南南合作基金设立于 2015 年，主要用以支持发展中国家实现低碳、气候适应型发展，包括物资供应、项目建设、技术合作以及人员培训等。通过"一带一路"倡议与应对气候变化南南合作的结合，中国气候变化南南合作基金可以有侧重地在"一带一路"沿线国家组织实施应对气候变化"十百千"项目，共同建设低碳示范区、开展减缓和适应气候变化的项目合作，提供节能低碳和可再生能源物资，援助 LED 节能灯、LED 路灯、节能空调、太阳能分布式户用光伏发电系统等。借助气候变化南南合作基金，可以进一步开展沿线国家应对气候变化领域官员和技术人员培训，提高应对气候变化援助及培训的规模和水平，加强沿线国家减缓及适应气候变化能力。

四、适应能力建设

　　"一带一路"沿线地区陆域环境变化显著，未来灾害风险突出。随着全球气候变化加剧，海洋灾害发生的可能性也逐渐增加。推动适应技术的创新与推广应用，加强沿线地区适应能力建设，有助于降低沿线地区气候变化的负面影响和风险。"一带一路"倡议力求推动沿线地区基础设施联通，在基础设施建设和运营管理方面，中国与沿线国家有必要进一步加强绿色基础设施合作，并在建设过程中充分考虑气候变化影响。在海洋灾害风险方面，加强应对气候变化预警预报能力，增强防灾减灾的科技合作机制，这对于"一带一路"沿线地区共同应对气候变化具有重要意义。以加强沿线地区应对气候变化适应能力建设为目的，应对气候变化国际合作方案主要包括：

　　推进基础设施绿色化，提高重大项目应对气候变化能力。基础设施互联互通作为"一带一路"倡议的重要组成部分，将在国际产能转移、提升沿线国家经济发展水平、促进国际合作等方面发挥重要的作用。作为当前中国推进与沿线国家合作的重点，基础设施绿色化是绿色"一带一路"建设的必经之路。沿线地区高温热浪、强降雨等极端事件出现频率显著上升，气候变化灾难可能会给"一带一路"项目的安全性、稳定性、可靠性和耐久性带来较大威胁。沿线国家进行产能与基础设施合作时，需要结合产业转型、技术升级、提高环保标准、增进绿色管理与监督力度等方式实现绿色化的目标。与此同时，在"一带一路"建设重大项目设计和运行阶段加强对气候风险的考虑，综合评估气候变化对重大工程设施本身、重要辅助设备及所依托的环境产生的影响，尽可能降低未来的风险。

完善气候变化风险预估技术体系，提升应对气候变化科技支撑能力。在防灾减灾领域，由自然资源部国家海洋环境预报中心研发的"海上丝路"海洋环境预报系统于2018年12月试运行，中国承建的南中国海区域海啸预警中心于2019年11月正式运行，用于提升"一带一路"沿线国家气候灾害预警预报和减灾防灾能力水平。与此同时，通过共建"一带一路"应对气候变化适用技术信息平台，有助于为沿线国家提高应对气候变化适应能力提供适宜的解决方案。在气候变化科技支撑领域，结合以"一带一路"自然灾害风险防范与综合减灾为核心的国际减灾科学联盟，中国可以与沿线国家共同召开防灾减灾大会，联合研发气候和灾害预测预估等共通技术，完善气候变化风险预估技术体系，不断提升应对气候变化决策咨询的科技支撑。

随着"一带一路"倡议的不断推进，"一带一路"建设逐渐完成从大写意向工笔画的转变，开始迈向高质量发展新阶段。中国提出的"一带一路"倡议得到了国际社会的高度关注和积极响应，并逐渐形成了与沿线国家一同推进绿色"一带一路"建设的国际合作模式。总体来看，"一带一路"沿线应对气候变化合作潜力巨大，而"一带一路"倡议为沿线国家应对气候变化挑战带来了新的契机。结合现有的政府间合作平台及亚投行、丝路基金、中国气候变化南南合作基金等渠道，辅助政府援助、国际贸易和投资等手段，"一带一路"建设有助于提升发展中国家在气候变化治理中的话语权，为应对气候变化的南南合作树立典范，推动全球气候治理进程。尽管逆全球化现象不断涌现，发展绿色低碳经济、实现可持续发展已成为各国共识。"一带一路"沿线地区的绿色可持续发展关乎全球应对气候变化成效，绿色"一带一路"建设的国家合作方案落实有助于推进沿线国家携手应对气候变化合作，为构建人类命运共同体做出更大贡献。

参考文献

曹明弟、董希淼："绿色金融与'一带一路'倡议：评估与展望"，《中国人民大学学报》，2019 年第 4 期。

柴麒敏、安国俊、钟洋："全球气候基金的发展"，《中国金融》，2017 年第 12 期。

柴麒敏、祁悦、傅莎："推动'一带一路'沿线地区共建低碳共同体"，《中国发展观察》，2019 年第 9 期。

陈长、楚树龙："'一带一路'在中亚地区的进展、前景及推进思路"，《和平与发展》，2018 年第 3 期。

陈昭彦："'一带一路'框架下我国气候合作的策略研究"，《中国经贸导刊（中文版）》，2019 年第 6 期。

陈孜："'一带一路'沿线国家实现低碳发展战略的意义与路径研究"，《现代管理科学》，2019 年第 3 期。

迟亮："中蒙俄经济走廊建设对扩大三国能源合作的前景展望"，《中外企业家》，2019 年第 34 期。

丁金光、张超："'一带一路'建设与国际气候治理"，《现代国际关系》，2018 年第 9 期。

董亮："试析南亚区域环境合作机制及其有效性"，《南亚研究》，2015 年第 2 期。

杜祥琬："应对气候变化进入历史性新阶段"，《气候变化研究进展》，2016 年第 2 期。

杜幼康："'一带一路'与南亚地区国际合作前瞻"，《人民论坛·学术前沿》，2017 年第 8 期。

傅京燕、司秀梅："'一带一路'沿线国家碳排放驱动因素、减排贡献与潜力"，《热带地理》，2017 年第 1 期。

龚微、贺惟君："基于国家自主贡献的中国与东盟国家气候合作"，《东南亚纵横》，2018 年第 5 期。

管开轩、王铮、吴静："'一带一路'沿线国家温室气体排放特征与结构",《重庆理工大学学报（社会科学）》,2019 年第 6 期。

国家发展和改革委员会、外交部、商务部:《推动共建丝绸之路经济带和 21 世纪海上丝绸之路的愿景与行动》,外交出版社,2015 年。

国家发展和改革委员会、国家能源局:《推动丝绸之路经济带和 21 世纪海上丝绸之路能源合作愿景与行动》,2017 年。

韩梦瑶、刘卫东、刘慧："中国跨境风电项目的建设模式、梯度转移及减排潜力研究",《世界地理研究》,2020 年期数。

洪睿晨、崔莹："'一带一路'国际合作不可或缺的气候投融资议题",《金融博览》,2019 年第 7 期。

环境保护部、外交部、发展改革委、商务部:《关于推进绿色'一带一路'建设的指导意见》,2017 年。

国家环境保护部:《'一带一路'生态环境保护合作规划》,2017 年。

李侠祥、刘昌新、王芳等:"中国投资对'一带一路'沿线地区经济增长和碳排放强度的影响",《地球科学进展》,2020 年期数。

刘卫东、姚秋蕙："'一带一路'建设模式研究:基于制度与文化视角",《地理学报》,2020 年第 6 期。

刘卫东："'一带一路'战略的科学内涵与科学问题",《地理科学进展》,2015 年第 34 期。

刘卫东等:《"一带一路"建设进展第三方评估报告（2013～2018 年）》,商务印书馆,2019 年。

刘卫东等:《共建绿色丝绸之路:资源环境基础与社会经济背景》,商务印书馆,2019 年。

吕江："'一带一路'能源合作（2013～2018）的制度建构:实践创新、现实挑战与中国选择",《中国人口・资源与环境》,2019 年第 6 期。

祁悦、樊星、杨晋希等:"'一带一路'沿线国家开展国际气候合作的展望及建议",《中国经贸导刊（理论版）》,2017 年第 17 期。

清华大学国家金融研究院、金融与发展研究中心、中国工商银行城市金融研究所:《推动绿色'一带一路'发展的绿色金融政策研究》,2019 年。

清华大学绿色金融发展研究中心、创绿研究院:《"一带一路"国家可再生能源项目投融资模式、问题和建议》,2020 年。

清华大学气候变化与可持续发展研究院:《政策性银行"一带一路"绿色投融资标准和规范研究》,2019 年。

人民网:"建设绿色'一带一路'的愿景和行动方案研究框架",2017 年 11 月 2 日。

孙俊成、江炫臻:"'一带一路'倡议下中国与中东能源合作现状、挑战及策略",《国际经济合作》，2018 年第 10 期。

国家外交部："第二届'一带一路'国际合作高峰论坛成果清单"，2019 年。

王小艳："绿色金融推动'一带一路'绿色发展的问题与对策"，《中国经贸导刊（中文版）》，2020 年第 5 期。

汪亚光："东南亚国家应对气候变化合作现状"，《东南亚纵横》，2010 年第 5 期。

王欢欢、李忠林："'一带一路'视野下的中国—南亚区域合作：进展及挑战"，《实事求是》，2016 年第 2 期。

王谋："加强中印应对气候变化合作：意义与合作领域"，《城市与环境研究》，2017 年第 3 期。

王文涛、滕飞、朱松丽等："中国应对全球气候治理的绿色发展战略新思考"，《中国人口·资源与环境》，2018 年第 28 期。

新华网："共建'一带一路'倡议：进展、贡献与展望"，2019 年 4 月 22 日。

徐惠、彭静："中国—中东欧科技协同创新：基础与路径"，《改革与开放》，2018 年第 9 期。

许勤华、袁淼："'一带一路'建设与中国能源国际合作"，《现代国际关系》，2019 年第 4 期。

姚秋蕙、韩梦瑶、刘卫东："'一带一路'沿线地区隐含碳流动研究"，《地理学报》，2018 年第 11 期。

于洪君："中蒙俄在'一带一路'框架下深化合作的现状与前景"，《北方经济》，2016 年第 9 期。

张彬、李丽平："国际贸易和跨国投资与全球环境治理"，《环境与可持续发展》，2013 年第 38 期。

张蕾："'21 世纪海上丝绸之路'背景下的南海周边国家应对气候变化合作探讨"，《东南亚研究》，2016 年第 6 期。

张伟伟、李天琦、高锦杰："'一带一路'沿线国家绿色金融合作机制构建研究"，《经济纵横》，2019 年第 3 期。

赵俊杰："科技创新合作助力'一带一路'建设"，《全球科技经济瞭望》，2018 年第 2 期。

中国新能源海外发展联盟："'一带一路'可再生能源发展合作路径及其促进机制研究"，2019 年。

朱磊、陈迎："'一带一路'倡议对接 2030 年可持续发展议程——内涵、目标与路径"，《世界经济与政治》，2019 年第 4 期。

朱晓中："中国—中东欧合作：特点与改进方向"，《国际问题研究》，2017 年第 3 期。

朱新光、张深远、武斌："中国与中亚国家的气候环境合作"，《新疆社会科学》，2010

年第 4 期。

庄贵阳、薄凡、张靖："中国在全球气候治理中的角色定位与战略选择",《世界经济与政治》，2018 年第 4 期。

Asian Infrastructure Investment Bank, 2018. Financing Asia's Future: 2017 Annual Report and Financials.

Chen, S., X. Lu, Y. F. Mao *et al.*, 2019. The Potential of Photovoltaics to Power the Belt and Road Initiative. *Joule*, 3.

Copeland, B. R., M. S. Taylor, 2004. Trade, Growth, and the Environment. *Journal of Economic Literature*, 42(1).

Han, M. Y., J. M. Lao, Q. H. Yao *et al.*, 2020. Carbon Inequality and Economic Development across the Belt and Road regions. *Journal of Environmental Management*, 262.

Han, M. Y., Q. H. Yao, W. D. Liu *et al.*, 2018. Embodied Carbon Flows in the Belt and Road Regions. *Journal of Geographical Sciences*, 28(9).

Hao, Q., Y. Zuo, L. T. Li *et al.*, 2017. The Distribution of Petroleum Resources and Characteristics of Main Petroliferous Basins along the Silk Road Economic Belt and the 21st-Century Maritime Silk Road. *Acta Geologica Sinica*, 91(4).

Liu, W. D., M. Dunford, 2016. Inclusive Globlization: Unpacking China's Belt and Road Initiative. *Area Development and Policy*, 1(3).

Liu, W. D., Y. J. Zhang and W. Xiong, 2020. Financing the Belt and Road Initiative. *Eurasian Geography and Economics*, 61.

Sanwal, M., 2015. Paris, India, and China: Shaping the Global Agenda. *Chinese Journal of Urban and Environmental Studies*, 3(4).

Schwerhoff, G., M. Sy, 2016. Financing Renewable Energy in Africa — Key Challenge of the Sustainable Development Goals. *Renewable & Sustainable Energy Reviews*, 75.

United Nations Development Programme, 2017. The Belt and Road Initiative: A New Means to Transformative Global Governance towards Sustainable Development.

Wang, C. and F. Wang 2017. China can Lead on Climate Change. *Science,* 357(6353).

Zhang, N., Z. Liu, X. Zheng *et al.*, 2017. Carbon Footprint of China's Belt and Road. *Science*, 357(6356).

附录　"一带一路"沿线气候变化文献检索

　　引文空间（CiteSpace）是一款着眼于分析科学分析中蕴含的潜在知识、在科学计量学、数据可视化背景下逐渐发展起来的引文可视化分析软件。由于是通过可视化的手段来呈现科学知识的结构、规律和分布情况，因此也将通过此类方法分析得到的可视化图形称为"科学知识图谱"。本文分别从 CNKI 和 WOS 中导出符合要求的文献，导出内容包括：作者、标题、来源出版物、关键词、作者单位等信息。格式转换后导入到 CiteSpace III 软件，利用 CiteSpace 共现和聚类等功能对"一带一路"气候变化相关学术文献的研究机构合作网络、关键词网络及其聚类等进行可视化分析。

　　在中国知网数据库（China National Knowledge Internet，CNKI）和 Web Of Science（WOS）核心数据库中，以附表1所列主题作为检索条件，分别获取 1 000 篇中文和287篇英文文献。经过逐篇整理，剔除报道、会议征稿等不符要求的文献，去除重复文献，最终共获取 837 篇中文和 284 篇英文文献作为研究对象。

　　自 2013 年"一带一路"倡议提出后，以"一带一路"沿线地区为研究区域的气候变化研究开始出现。2015 年 3 月中国国家发展改革委、外交部和商务部联合发布《推动共建丝绸之路经济带和 21 世纪海上丝绸之路的愿景与行动》（以下简称《愿景与行动》），2016 年《巴黎协定》签订，国内关于"一带一路"的研究热度从 2014 年的 4 篇急剧增长到 2015 年的 101 篇；2015 到

2016 年研究进展稍缓；2017 年 5 月"一带一路"国际合作高峰论坛举办后，相关文献数量急剧增长，2017 和 2018 年相比 2016 年分别增加了 101%和 205%。2019 年至目前的发文数量为 78 篇。就英文文献而言，"一带一路"倡议提出以前，国际上少量文献针对丝绸之路气候变化、能源发展和生态系统等问题进行研究；"一带一路"倡议提出后，英文文献的数量亦开始逐步增长，但其增长速度相比中文文献较慢，2015 年相比 2014 年仅增加 3 篇文献。至 2016 年，英文发文数量开始迅速增长，2016、2017 和 2018 年相比 2014 年分别增加了 191%、291%和 673%。

附表 1 文献检索条件

检索	主题=
#1	（"一带一路"或"丝绸之路"）且（"气候"或"气温"或"降水"或"干旱"或"热浪"或"暴雨"或"极端事件"）
#2	（"一带一路"或"丝绸之路"）且（"温室气体"或"碳排放"或"低碳"或"减排"或"二氧化碳"）
#3	（"一带一路"或"丝绸之路"）且（"能源"或"煤炭"或"石油"或"天然气"或"水能"或"风能"或"核能"或"光伏"或"光热"或"电力"或"火电"或"水电"或"风电"或"核电"）
#4	（"Belt and Road" OR "Silk Road"）AND（"climate" OR "Global warming" OR "temperature" OR "precipitation" OR "drought" OR "desiccation" OR "heat wave" OR "climate extremes" OR "extreme event" OR "flood" OR "storm" OR "rainfall"）
#5	（"Belt and Road" OR "Silk Road"）AND（"greenhouse gas" OR "GHG" OR "carbon" OR "emission" OR "CO_2"）
#6	（"Belt and Road" OR "Silk Road"）AND（"energy" OR "coal" OR "petroleum" OR "oil" OR "gas" OR "photovoltaic" OR "electric"）

在 CiteSpace 参数设置中时间跨度设为"2014～2019"，"time slice"设为 1，"node type"选择"institution"，对中文文献的研究机构进行分析（附图–1a）。结果显示，研究机构共现网络结构图谱中共有 116 个节点、34

条连线，网络密度为 0.0051。该结果表明发表中文文献的研究机构众多，但相互间的合作程度较低，"一带一路"气候变化领域的合作研究网络尚未形成。在众多研究机构中，中国科学院地理科学与资源研究所发文数量最多，并与中国科学院大学、中国科学院资源与环境学院、中国人民大学国际关系学院、中国人民大学国家发展与战略研究院初步形成了研究合作网络。

在 CiteSpace 参数设置中时间跨度设为"1997～2019"，"time slice"设为 1，"node type" 选择"institution"，对英文文献的研究机构进行分析（附图–1b）。统计结果显示，2014～2019 年共 12 篇发文数量在 10 篇以上的

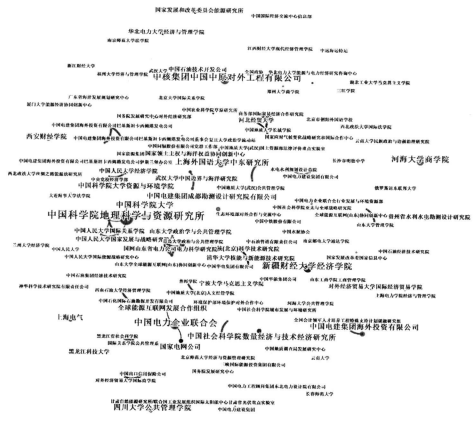

(a) 中文文献

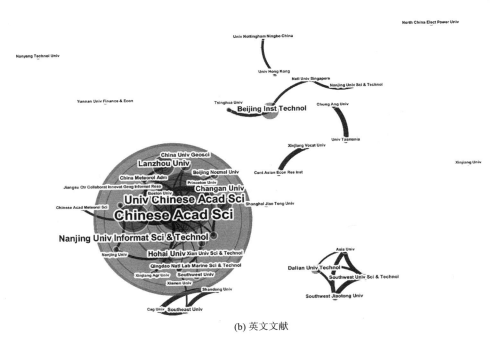

(b) 英文文献

附图 1　研究机构合作网络图谱

注：图中节点半径大小代表研究机构的发文数量，节点以树的年轮形式表示该机构在不同时段发文数量的演化规律，其中每一圈年轮的宽窄代表某一年的发文数量，年轮从里到外代表时间从远到近。图中连线代表机构间的合作关系，连线越粗代表合作频次越多。

机构，均为国内机构，分别为 Chinese Acad Sci、Univ Chinese Acad Sci 和 Nanjing Univ Informat Sci & Technol；这三家发表论文数量共 99 篇，占样本论文总量的 35%。国外机构中，Princeton Univ、Chung Ang Univ、Cag Univ、Boston Univ、Natl Univ Singapore、Univ 和 UCL 发文数量相对较高，均为 2 篇。从机构合作程度来看，以 Chinese Acad Sci 为中心（中心度为 0.28），形成了一个较大的合作网络。Chinese Acad Sci 与 Univ Chinese Acad Sci 和 Nanjing Univ Informat Sci & Technol 等众多机构之间均有合作。另外，Asia Univ、Dalian Univ Technol、Southwest Univ Sci & Technol 和 Southwest Jiaotong Univ 等四个机构初步形成了第二大合作机构网络。总的来看，发表国际论文

的机构仍以国内机构为主，国外机构相对较少。研究机构共现网络结构图谱中共有 42 个节点、48 条连线，网络密度为 0.0557，表明高校和科研院所之间初步形成合作网络，但联系与合作程度依然较低。

关键词是作者对文章内容和主题的核心概括和精髓描述，因此，对高频关键词的分析是把握学科领域研究热点的重要途径。在 CiteSpace 参数设置中"node type"选择"Keyword"，"time slice"设为 1，时间跨度分别设为"2014～2019"和"1997～2019"，对中文和英文文献的关键词网络进行分析，并运用对数似然比方法进行关键词聚类（附图–2a 和 2b）。附图–2a 显示，"一带一路"气候变化中文文献的研究热点主要包括"#0 气候变化""#1 能源互联网""#2 电压""#3 企业管理""#4 可再生能源""#5 巴基斯坦""#6 电力行业""#7 习近平"和"#10 丝绸之路经济带"。

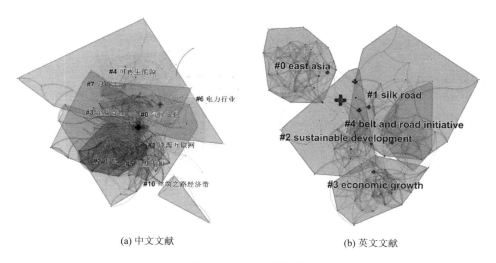

(a) 中文文献   (b) 英文文献

附图 2 关键词网络图

从 timeline 视图模式来看附图–3a，"#0 气候变化"领域研究的持久力最强，其次为"#1 能源合作网"和"#4 可再生能源"。目前关于"#6 电力行业"的相关研究较为活跃。英文文献关键词聚类结果为 5 类，分别为"#0

East Asia" "#1 silk road" "#2 sustainable development" "#3 economic growth" 和 "#4 the belt and road initiative"。可见"一带一路"倡议提出以来,国际上对"一带一路"沿线的经济增长和可持续发展均有关注。从 timeline 视图模式来看附图–3b,"sustainable development"的研究伴随着"一带一路"倡议的提出而兴起;"economic growth"的关注度在 2016 年逐渐增加。

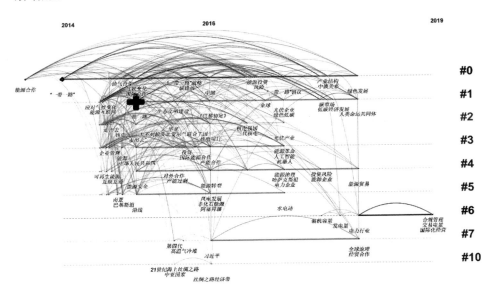

(a) 中文文献

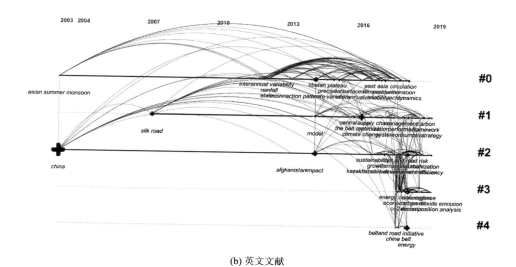

(b) 英文文献

附图 3　研究热点 timeline 时间序列图谱

注：图中上方数字表示关键词出现的年份